W0033716

Rette ich die Welt (oder wenigstens den Regenwald), wenn ich Döner esse anstatt zu McDonald's zu gehen? Ist es moralisch eher zu vertreten, sweatshop-freie Kleidung eines Unternehmens zu tragen, in dem sexuelle Belästigung an der Tagesordnung ist? Oder lieber doch Klamotten, die von Kindern genäht wurden? Und muss sich Lotte, das vermeintlich glückliche Biohuhn, in Wirklichkeit als Sklavin in einer Brandenburger Legebatterie verdingen?

Stefan Kuzmany ist all diesen Fragen im Selbstversuch nachgegangen und zeigt, dass richtig Konsumieren gar nicht so leicht, aber mit mal mehr, mal weniger Erfolg doch machbar ist. Und dass es äußerst unterhaltsam sein kann, darüber zu lesen.

Stefan Kuzmany, 34, ist seit 2004 Ressortleiter von tazzwei, dem Gesellschaftsteil der taz. Zuvor war er taz-Redakteur, Reporter und München-Korrespondent. Sein Unbewusstes isst gerne bei McDonald's, er hat früher mal böse Rohrreiniger gekauft, und seine Jahresemission an CO_2 betrug bis vor kurzem unmögliche 20 Tonnen – aber er gibt alles, um ein besserer Mensch zu werden.

Unsere Adresse im Internet: www.fischerverlage.de

Stefan Kuzmany

Gute *Marken*, böse Marken

Konsumieren lernen,
aber richtig!

Fischer Taschenbuch Verlag

FSC

Mix
Produktgruppe aus vorbildlich
bewirtschafteten Wäldern und
anderen kontrollierten Herkünften

Zert.-Nr. SGS-COC-2452
www.fsc.org
© 1996 Forest Stewardship Council

Originalausgabe
Veröffentlicht im Fischer Taschenbuch Verlag,
einem Unternehmen der S. Fischer Verlag GmbH,
Frankfurt am Main, Oktober 2007

© 2007 Fischer Taschenbuch Verlag
in der S. Fischer Verlag GmbH, Frankfurt am Main
Satz: Pinkuin Satz und Datentechnik, Berlin
Druck und Bindung: Druckerei C. H. Beck, Nördlingen
Printed in Germany
ISBN 978-3-596-17582-6

Inhalt

Einleitung

»I prefer a vehicle that doesn't hurt Mother Earth. It's a go-cart, powered by my own sense of self-satisfaction.«
(Ed Begley Jr. in »The Simpsons – Homer to the Max«)

Guten Tag! Und herzlich willkommen in diesem Buch. Ich möchte Sie gleich am Anfang zu einem kleinen Experiment einladen. Ziehen Sie bitte jetzt Ihre Geldbörse hervor und kippen Sie alles Kleingeld, das Sie darin finden, vor sich auf den Tisch. Ich war gerade Zigaretten holen, deshalb ist es bei mir gerade nicht besonders viel, aber für unsere Zwecke reicht es aus: ein 1-Cent-Stück, drei 2-Cent-Münzen, einmal 10, dreimal 20 Cent und eine 2-Euro-Münze. Spülen Sie die Münzen unter fließendem Wasser und mit Spülmittel ab. Bringen Sie Wasser in einem Topf zum Kochen und geben Sie die Münzen hinein. Lassen Sie sie gut abkochen, damit alle Keime absterben. Schrecken Sie die Münzen unter kaltem Wasser ab. Und jetzt: essen wir die Münzen. Nicht zu viele auf einmal, gut kauen, schlucken, mit Wasser nachspülen, und die nächste. Schön eine nach der anderen. Beginnen Sie mit den kleineren und steigern Sie sich langsam.

Ich weiß nicht, wie weit Sie kommen – ich habe gerade 17 Cent verspeist und mir ist jetzt schon schlecht. Schlecht genug für die Erkenntnis: Geld kann man nicht essen. Was zu beweisen war. Gehen Sie mir bloß weg mit dem 2-Euro-Stück!

Die weisen alten Cree-Indianer aus Kanada hatten also doch nicht recht mit ihrer Prophezeiung: »Erst wenn der letzte Baum gerodet, der letzte Fluss vergiftet, der letzte Fisch gefangen ist, werden die Menschen feststellen, dass man Geld nicht essen kann.« Ich habe diesen Spruch so oft auf Autoaufklebern und in Internetforen und auf T-Shirts gelesen, er hatte bereits jede Bedeutung für mich verloren, er hat mich gelangweilt, ich habe mich lustig gemacht über die Leute, die ihn sich aufs Auto kleben, die ihn in Internetforen schreiben, die ihn auf T-Shirts mit sich herumtragen. Er hat bei mir nicht gewirkt, dieser Spruch – und jetzt weiß ich auch, warum: weil er für mich nicht stimmt.

Der letzte Baum ist noch nicht gerodet, der letzte Fluss ist noch nicht vergiftet, es gibt sogar noch Fische – und ich konnte trotzdem schon jetzt feststellen, dass mir Geld nicht schmeckt. Ich musste es auf die harte Tour lernen, ich habe es erst spät gelernt – aber immerhin, ich habe es gelernt.

Wenn Sie zu den Menschen gehören, die sich viele Gedanken darüber machen, ob ihr Lebenswandel die Umwelt schädigt oder ob arme Kinder in Asien ihre Unterhosen zusammennähen mussten oder ob das Rind, das sie als Steak verspeisen, nicht eigentlich auch nur ein Mensch ist mit einem Recht auf einen friedlichen Lebensabend – dann kann ich Ihnen nur gratulieren. Sie gehören zur neuesten Zielgruppe der Industrie und der Medien. Sie betreiben Lohas, was so viel bedeutet wie *Lifestyle of Health and Sustainability,* zu Deutsch: gesunder und nachhaltiger Lebenswandel. Sie trennen Ihren Müll, konsumieren Bio-Produkte und machen aus Prinzip keine Fernreisen. Sie helfen, diese Welt zu einer besseren zu machen. Wahrscheinlich haben Sie den Cree-Spruch an der Stoßstange Ihres Hybrid-Autos kleben. Sie sind mein großes Vorbild, ehrlich! Und Sie brauchen dieses Buch sicher nicht.

Aber vielleicht sind Sie anders. Vielleicht lesen Sie in der Zeitung von der drohenden Klimakatastrophe, machen sich ein wenig Sorgen – und buchen drei Minuten später Ihren nächsten Zwölf-Stunden-Flug nach Argentinien. Vielleicht ahnen Sie, dass Fastfood für niemanden gut ist, nicht für die Angestellten hinter dem Restaurant-Tresen, die schlecht bezahlt werden, nicht für die gequälten Hühner, aus denen ChickenMcNuggets gemacht werden, und auch nicht für Ihren Bauch – und trotzdem setzen Sie sich ins Auto und fahren zum nächsten Drive In. Vielleicht haben Sie schon längst den Verdacht, dass etwas nicht stimmen kann, wenn es Laser-Drucker bei Plus jetzt schon für 99 Euro gibt und eine Hose bei H & M für nur zwanzig Euro – und Sie freuen sich trotzdem darüber, dass Sie ein tolles Schnäppchen gemacht haben.

Vielleicht sind Sie also ein wenig wie ich. Bei uns helfen keine guten Ratschläge und weisen Prophezeiungen und klugen Zeitungsartikel, uns zu besseren Menschen zu machen. Wir brauchen unsere eigenen Gründe, um unser Verhalten zu ändern. Wir wollen es auf die harte Tour lernen. Wir müssen unsere eigenen Fehler machen.

Packen wir's an. Es wird höchste Zeit.

Völlerei
Die kippen da doch was rein.
Wie ich lernte, McDonald's nicht mehr zu lieben

Es passiert jeden Tag um die Mittagszeit. In meiner Leber ist nur noch verdammt wenig Glykogen übrig. Der Hypothalamus schlägt Alarm. Das limbische System meldet sich. Es interessiert mich in diesem Moment nicht, dass Glykogen die Kohlenhydrate in meinem Körper speichert, dass der Hypothalamus im Zwischenhirn sitzt und das limbische System mein Triebverhalten steuert. Ich interessiere mich nur noch für eines: Ich habe Hunger. Ich will essen.

Wo ich arbeite, bei der kleinen, aber großartigen Tageszeitung taz in Berlin, ist Hunger kein Problem. Zugegeben: Wir verdienen nicht besonders viel Geld dort, aber für ein ordentliches Mittagessen reicht es doch. Und seit neuestem haben wir sogar ein eigenes Café-Restaurant im Erdgeschoss, wo wir verbilligt verpflegt werden. Und wie es sich für eine alternative Zeitung gehört, wird dort sehr gesund gekocht, Möhren-Orangen-Suppe zum Beispiel. Und als Hauptgericht ein Polenta-Gratin mit Gemüsen und orientalischen Gewürzen. Auf Wunsch auch mit Lammfleisch drin, aber nicht mit Fleisch von industriell gezüchteten Lämmern, sondern ökologisch korrektes Neuland-Lammfleisch, wie immer extra auf der Karte vermerkt wird, Fleisch also, das von besonders kontrollierten Tieren stammt, die außerordentlich artgerecht gezüchtet und umgebracht werden. Dazu gibt es leckere Bionade, laut Eigenwerbung »das einzigartige alkoholfreie Erfrischungsgetränk. Biologisch hergestellt aus Rohstoffen ökologischer Qualität.« Selbstverständlich. Gibt es in den Geschmacksrichtungen Holunder, Litschi, Kräuter und jetzt neu: Ingwer-Orange. Gesund essen, gesund trinken, der Glykogen-Spiegel steigt, und gestärkt geht's wieder an die Arbeit. Hurra!

So weit die Theorie. Tatsächlich scheint mich aber das limbische System, dieses triebhafte Ding in meinem Kopf, oft genug viel stärker im Griff zu haben, als es gut für mich wäre. Das limbische System will nicht, dass ich vernünftig bin. Dann gehe ich mit stierem Blick an der Menütafel vorbei, ignoriere die freundliche Einladung meiner Kollegen, mich zu ihnen an den Tisch zu setzen, und noch ein paar Schritte, und ich bin auf der Straße und in der U-Bahn-Station und in der U-Bahn und nach ein paar Stationen steige ich aus und … Moment.

Zuerst müssen Sie mir versprechen, dass das, was jetzt kommt, unter uns bleibt. Was ich nämlich tue, ist so ungeheuerlich, dass ich bisher niemandem davon erzählen konnte. Ich habe nur eine Erklärung: Wenn mich der Hunger packt, kann ich nicht mehr denken. Das bin nicht ich! Das ist mein limbisches System![1] Ich fürchte, wir werden ihm noch öfter begegnen. Ich habe ihm deshalb einen Namen gegeben, schließlich kennen wir uns schon lange. Ich nenne es Limbo. Ich stelle mir vor: Limbo ist ein kleines, dickes, genusssüchtiges Wesen, das in mir wohnt. Aus Mangel an Phantasie sieht es genauso aus wie »der kleine Hunger« aus der Werbung. Limbo ist an allem schuld.

---

1 Ja, auch ich habe gelesen, dass es in der Wissenschaft als veraltet gilt, das Triebverhalten allein dem limbischen System zuzuschreiben. Was soll's? Ich brauche dringend eine Entschuldigung für mein Verhalten, jetzt kommen Sie mir bitte nicht mit der Wissenschaft. Danke.

Bedenken Sie also bitte: Nicht ich, sondern Limbo. Danke. Also weiter.

Es ist nämlich so: Limbo geht gerne zu McDonald's.

Der Rest von mir weiß selbstverständlich, dass man so etwas nicht tut. Denn ich kenne die Liste der Vorwürfe gegen McDonald's, und die Liste ist lang. An dieser Stelle ein kleiner Hinweis für alle McDonald's-Rechtsanwälte: Am besten blättern Sie gleich weiter. Hier gibt es gar nichts zu sehen. Die folgende Liste erhebt sowieso keinerlei Anspruch auf Wahrheitsgehalt! Sie ist, wie soll ich sagen, nur so dahingeschrieben. Sie ist sogar abgeschrieben von www.mcspotlight.org[2]. Vielleicht stimmt sie gar nicht. Und ich schreibe doch auch lauter freundliche Dinge über McDonald's! Zum Beispiel, dass Sie ganz viele Arbeitsplätze geschaffen haben. Und die Sache mit den Ronald-McDonald-Häusern, in denen die Eltern schwerkranker Kinder wohnen können, um ihnen während eines Krankenhausaufenthaltes nahe sein zu können, die ist echt super. Und natürlich kann man sich bei Ihnen auch total ausgewogen ernähren, weiß doch jeder! Schreiben Sie auch in Ihren Broschüren, die aber offenbar so beliebt sind, dass sie in den von mir besuchten McDonald's-Restaurants oft schon vergriffen waren. Aber ich kann sie mir ja von Ihrer Homepage herunterladen. Und Sie werden sehen: Diese Vorwürfe interessieren mich gar nicht. Sie interessieren eigentlich niemanden. Alle gehen immer noch zu McDonald's. Ich auch. Also bitte nicht verklagen! Ach so, Sie wollen mich gar nicht verklagen? Sie wollen nur anmerken, dass es etwas ungerecht ist, sich ständig

2 Genauer: von http://www.mcspotlight.org/campaigns/translations/trans_germany.html

nur über McDonald's zu beschweren, und all die anderen Fastfood-Ketten auszulassen? Stimmt. Ist ungerecht. Aber so ist die Welt nun mal.

Und hier ist sie: die Liste der klassischen Vorwürfe gegen McDonald's, die ich schon oft gehört habe und die mich trotzdem noch nie interessiert haben – inklusive mehr oder weniger schlüssiger Gegenargumente, die ich mir gerade ausgedacht habe, weil ich schnell einen Burger haben will. Bitte verzeihen Sie den anklagenden Tonfall, aber den haben Flugblätter von Umweltinitiativen eben so an sich.

Vorwurf Nummer 1: HUNGER DER ARMEN
»Während Millionen Menschen hungern, werden große Gebiete in armen Ländern für Rinderzucht und zum Anbau von Futtermitteln verbraucht, die in die reichen Länder exportiert werden. McDonald's fördert fortgesetzt Fleischprodukte, indem sie die Leute ermuntern, öfter Fleisch zu essen, was unter anderem eine immense Verschwendung von Nahrungsmittelressourcen bedeutet. 145 Millionen Tonnen an Getreide werden jährlich an Tiere verfüttert, die jedoch nur 21 Millionen Tonnen an Fleisch und -nebenprodukten produzieren. Durch eine vegetarische (bzw. vegane) Ernährung könnte sich ein Land wie Deutschland oder Großbritannien ohne Probleme selbst mit den notwendigen pflanzlichen Nahrungsmitteln versorgen.«

Dieser Vorwurf könnte mich vielleicht überzeugen, wenn da nicht das Wort »vegan« aufgetaucht wäre. Veganer, das sind doch diese Irren, mit denen man sich darüber streiten muss, ob man Milch trinken darf, denn Milch ist doch ein tierisches Produkt, und die armen Tiere können sich nicht wehren! Andererseits: Vielleicht sollte man sich ausschließlich von Fleisch ernähren und auf gar keinen Fall von

Pflanzen, denn die Tiere können wenigstens weglaufen, die armen Pflanzen aber nicht. Nein, ich werde wohl kein Verfechter der Idee werden, dass sich Deutschland ausschließlich von pflanzlichen Produkten ernähren sollte.

Vorwurf Nummer 2: ZERSTÖRUNG DER ERDE
»Die schönsten Wälder der Erde werden zum großen Teil durch multinationale Konzerne zerstört. McDonald's musste kürzlich zugeben, dass man Fleisch verwendet, welches von dem Gebiet ehemaliger Regenwälder stammt. Eine Aufforstung oder Renaturierung ist praktisch unmöglich. Die multinationalen Konzerne, die dort Rinder weiden lassen, sind auch dafür verantwortlich, dass die einheimische Bevölkerung wegziehen muss und brandrodend immer tiefer in den Urwald zieht. McDonald's ist der größte Fleischverwerter der Welt. Methan, das von den Rindern ausgestoßen wird, die wiederum für die Fleischindustrie gezüchtet werden, ist eine Hauptursache des ›Treibhauseffektes‹ (globale Erwärmung der Erdatmosphäre). Jedes Jahr verbraucht McDonald's Tausende von Tonnen unnützen Verpackungsmaterials, das auf Straßen und Rastplätzen die Umwelt verschmutzt.«

Hmmm. McDonald's behauptet in seiner Eigenwerbung, dass neunzig Prozent der verarbeiteten Rohstoffe aus Deutschland stammen und das Fleisch in den Burgern von über 100 000 Rinderzüchtern geliefert wird. Man muss diesen Angaben nicht glauben, aber andererseits fällt mir kein Grund ein, warum sie nicht stimmen sollten. Ich habe jedenfalls hierzulande noch keinen brandrodenden Rinderzüchter angetroffen. Und ich werfe meine McDonald's-Verpackungen nicht auf Rastplätze und Straßen, sondern stelle mein Tablett in den dafür vorgesehenen Ständer im

Lokal. Das mit dem Treibhauseffekt ist allerdings so eine Sache. Stimmt schon, Methan ist ein sehr klimawirksames Gas. Aber Kühe können auch Energielieferanten sein. Die anderthalb Kubikmeter Biogas, die eine Kuh täglich produziert, können in einer Biogas-Anlage in neun Kilowattstunden Strom umgewandelt werden. Eine Herde von 150 Kühen könnte so den Strombedarf von 50 Einfamilienhäusern decken. Das wird aber immer noch zu wenig gemacht: Der Energiebedarf in Deutschland wird zu unter einem Prozent aus Biogas gedeckt.

Vorwurf Nummer 3:
ZERSTÖRUNG IHRER GESUNDHEIT
»McDonald's stellt seine Produkte als ›gesund‹ dar, doch Tatsache ist, dass sie hohe Mengen an Fett, weißem Zucker und Salz enthalten, dagegen wenig Ballaststoffe und Vitamine. Eine solche Ernährung ist mit einem erhöhten Krankheitsrisiko (z. B. Herzinfarkt, Krebs, Diabetes) verbunden. Diese Nahrung enthält weiterhin viele Zusatzstoffe, die krank machen und bei Kindern Hyperaktivität auslösen können.«

Stimmt wohl. Geschenkt. Hat noch jemand eine Zigarette übrig?

Vorwurf Nummer 4: TIERMORD
»Für die ach so appetitlich aussehenden Gerichte der Hamburger-Ketten werden Millionen unschuldiger Tiere gequält und umgebracht. Zumeist aus Massentierhaltung ohne frische Luft, natürliches Sonnenlicht und Bewegungsfreiheit. Ihr Tod ist barbarisch – ›humanes Schlachten‹? Ein Mythos! Wir haben die Wahl, Fleisch zu essen oder nicht, aber die zig Millionen Tiere, die jedes Jahr für

einen kurzen Gaumenkitzel umgebracht werden, die haben keine Wahl.«

Tja, auch drei Vorwürfe weiter bin ich immer noch kein Veganer geworden, tut mir leid.

Vorwurf Nummer 5:
AUSBEUTUNG IHRER ANGESTELLTEN
»Angestellte der Hamburger-Ketten bekommen einen Hungerlohn. McDonald's bezahlt keine Überstunden, auch nicht wenn wesentlich länger gearbeitet wird. Der Druck der Firma, hohe Profite zu erzielen und die Personalkosten geringzuhalten, führt zur Unterbezahlung. Die Angestellten müssen härter und schneller arbeiten, als sie können, besonders Verbrennungen sind deshalb häufige Betriebsunfälle. Die meisten ihrer Angestellten sind Leute mit geringen Aussichten, anderswo einen Job zu bekommen; so müssen sie diese Bedingungen akzeptieren. Da ist es nicht verwunderlich, dass der Wechsel des Personals bei McDonald's sehr häufig ist, was es wiederum praktisch unmöglich macht, mit Betriebsräten oder Gewerkschaften die Arbeitsbedingungen zu verbessern. Es passt ins Bild: McDonald's war schon immer gegen Gewerkschaften.«

Ja, ja, das wird schon stimmen. Langweilig! Schon klar: Ich persönlich möchte da nicht arbeiten. Allerdings kenne ich kein einziges Unternehmen, das sich über Gewerkschaften und Betriebsräte freut. Noch nicht einmal die Gewerkschaften selbst, wenn es um ihre eigene Verwaltung geht.

Nein, ich werde mich nicht vor das McDonald's-Restaurant in Berlin am Hermannplatz stellen und agitieren. Dafür bin ich zu faul. Und zu wenig Held. Ich habe keine Lust auf das, was der Gärtnerin Helen Steel und dem ehemaligen Postboten Dave Morris widerfahren ist, zwei zweifellos sehr mutigen Menschen. Die beiden haben in den 80er Jahren mit anderen Aktivisten aus der Umweltinitiative London Greenpeace (nicht zu verwechseln mit Greenpeace International) Flugblätter vor McDonald's-Restaurants verteilt – im Großen und Ganzen mit dem Inhalt, wie ich ihn oben wiedergegeben habe, nur noch etwas härter. Daraufhin wurden sie von McDonald's wegen Verleumdung verklagt. Der sogenannte »McLibel«-Prozess ist die beste David-gegen-Goliath-Geschichte seit David gegen Goliath – und der längste Prozess, der jemals in Großbritannien geführt worden ist. Bevor McDonald's Anklage erhob, ließ der Konzern die Greenpeace-Gruppe infiltrieren. Es soll Gruppentreffen gegeben haben, bei denen mehr Spitzel anwesend waren als tatsächliche Aktivisten. Eine Spionin (auf www.mcspotlight.org wird sie »Michelle Hooker« genannt) soll eine sechsmonatige Liebesaffäre mit einem der Guten gehabt haben. Briefe wurden abgefangen. Aktivisten wurden nach Hause verfolgt. Endlich wurden fünf Greenpeace-Leuten juristische Schritte angedroht, wenn sie sich nicht verpflichteten, ihr Flugblatt nicht mehr zu verteilen und auch keine ähnlich lautenden Anschuldigungen mehr zu erheben. Drei knickten ein, nur Steel und Morris hatten die Courage und waren unabhängig genug, sich auf etwas einzulassen, was sie ihr gesamtes Vermögen kosten könnte. Sie hatten sowieso kaum etwas zu verlieren: Helen Steel arbeitete als Gelegenheitskellnerin und Dave Morris war alleinerziehender Vater ohne Vermögen. Während McDonald's einen Spezialanwalt für rund 3000 Euro pro Tag engagierte, verteidigten sich Steel und Morris selbst. Selbst eine Prozesskostenhilfe verweigerte ihnen der Staat. Im Juni 1997, nach einem drei

Jahre dauernden Gerichtsverfahren, wurden sie wegen Verleumdung zu umgerechnet 89 400 Euro Schadensersatz verurteilt – aber trotzdem hat McDonald's schrecklich verloren. Der Richter wies nämlich nicht den gesamten Inhalt des Flugblattes zurück. Die Angeklagten hatten nach Ansicht des Gerichts zwar nicht beweisen können, dass McDonald's den Regenwald zerstört, Herzkrankheiten und Krebs auslöst, Essen vergiftet, die Dritte Welt hungern lässt und seinen Angestellten üble Arbeitsbedingungen aufzwingt. Aber Helen Steel und Dave Morris hatten den Richter davon überzeugt, dass McDonald's Kinder mit aggressiver Werbung ausbeutet, dass McDonald's seine Produkte fälschlicherweise als gute Ernährung bewirbt, dass McDonald's die Gesundheit seiner Gewohnheitskunden aufs Spiel setzt, dass McDonald's schuldhaft verantwortlich für Tierquälerei ist, dass McDonald's Gewerkschaften ablehnt und dass McDonald's niedrige Löhne bezahlt. Und was für McDonald's noch viel schlimmer war als das eigentliche Urteil: Der McLibel-Prozess hatte weltweit Aufsehen erregt und damit wesentlich mehr McDonald's-Gegner erzeugt, als London Greenpeace mit seinen Flugblattaktionen jemals hätte erreichen können. Schon längst wünschte man sich bei McDonald's, dass man diesen Prozess niemals angefangen hätte. Einige Jahre später, im Februar 2005, gewannen Steel und Morris schließlich doch noch einen Prozess: Sie hatten den britischen Staat verklagt, weil er ihnen gegen McDonald's die Prozesskostenhilfe verweigert hatte, und der Europäische Gerichtshof gab ihnen recht. Seinen gewonnenen Schadensersatz hat McDonald's übrigens niemals eingetrieben.

Diese Geschichte muss unbedingt ins Kino. Lektion eins auf dem Weg, ein besserer Mensch zu werden: Schreib ein

Drehbuch für diesen Film, Arbeitstitel »Burger«. Hauptrollen bekommen: Jodie Foster als Helen Steel, Harrison Ford als Dave Morris und Danny de Vito als McDonald's-Anwalt, Gastauftritt Franka Potente als Michelle Hooker. Oder doch lieber Julia Roberts in der Hauptrolle und Hugh Grant als Anwalt? Schluss damit. Zurück zur Sache. Das heißt: gleich. Ich merke, es geht schon wieder los. Ich kann nicht mehr klar denken. Ich muss etwas essen.

Ich habe auch schon eine Idee, wo wir hingehen könnten. Machen wir uns auf den Weg? Nur noch eine Kleinigkeit: Bevor wir losgehen, schicke ich eine kurze E-Mail an McDonald's. Denn eine Sache würde mich doch interessieren: Jetzt habe ich mich gerade ausführlich damit beschäftigt, wie schlimm McDonald's ist, habe leichtfertig alle guten Argumente gegen McDonald's mit teilweise schwachsinniger Begründung entkräftet – und sofort gehe ich da schon wieder hin. Das ist doch nicht normal. Mit mir stimmt doch etwas nicht.

Von: Stefan Kuzmany
An: McDonald's Deutschland Kundenservice

Hallo McDonald's,

ich esse gerne und oft in Ihren Lokalen. Es schmeckt mir sehr gut. Ich esse meist ein BigMacMaxiMenü mit Cola und Ketchup und dazu einen Cheeseburger und sechs ChickenMcNuggets mit süßsaurer Soße zum Mitnehmen. Und dazu habe ich eine Frage: Könnte es sein, dass in Ihrem Essen etwas enthalten ist, was mich süchtig nach McDonald's gemacht hat? Können Sie mir diese Frage beantworten?

Mit freundlichen Grüßen
Stefan Kuzmany

Was ich nicht an McDonald's schreibe: Mein Kumpel Michael behauptet immer: »Die kippen da was rein, was süchtig macht.« Allerdings glaubt Michael auch an die Weltverschwörung der Illuminaten. Ich weiß nicht, ob ich ihm trauen kann. Mal sehen, was McDonald's dazu sagt. Aber genug davon jetzt. Limbo will gehen.

Heute sitze ich nicht in meinem Redaktionsbüro, sondern in meiner Wohnung in Berlin-Kreuzberg. Ich kann also gar nicht in Versuchung geraten, mich ökologisch korrekt im taz-Café zu ernähren. Der kürzeste Weg von meinem Schreibtisch in Richtung Fastfood führt nur zwei Treppen nach unten in den Pizzaladen in unserem Haus. Keine schlechte Wahl, eigentlich. Jedenfalls die billigste Pizza, die ich bekommen kann: 1,95 Euro. Und frisch gemacht. Ein Besucher aus München war einmal so erstaunt, dass es so etwas gibt, dass er gleich zwei bestellt hat. Außerdem gibt es hier die Pizza Barete, eine Pizza mit Spaghetti drauf. Nicht so ganz mein Fall. Ich nehme lieber die Primavera mit Schinken, Pilzen und Artischocken. Den Laden gibt es seit etwa drei Jahren. Geführt wird er von einem jungen Deutschtürken, den ich lange fröhlich mit dem Namen Gülay begrüßt habe, bis ich herausfand, dass das sein Nachname ist. Es ist aber auch zu unangenehm, jetzt noch nachzufragen. Ich habe ihn immer bedauert, weil der arme Kerl sieben Tage die Woche vom Vormittag bis weit nach Mitternacht hinter dem Tresen steht und Pizza macht. Dann traf ich eines Tages seine Frau an der Tankstelle. Ich hatte mir einen alten Renault von einem Kollegen ausgeliehen, und an der Zapfsäule nebenan fuhr sie in einem silbernen BMW-Cabrio vor. Seither bedauere ich meinen türkischen Pizzabäcker nicht mehr so sehr. Er ist eben ein ehrgeiziger Geschäftsmann.

Er begrüßt mich immer mit meinem Vornamen. Und dann unterhalten wir uns darüber, wie es seinem Kind geht. Und wie die Geschäfte laufen. Aber heute nicht. Heute will ich weiter. Ich weiß nicht, ob es Limbo ist, der in meinem Inneren zu mir spricht und mir nur gute Gründe einflüstern will, um möglichst schnell an einen Burger zu kommen. Vielleicht ist es auch meine Vernunft – dummerweise klingen die beiden zum Verwechseln ähnlich. Jedenfalls fragt die innere Stimme: Willst du wirklich in den Pizzaladen? Es ist eine rhetorische Frage. Denn da drin sitzt schon wieder die Frau aus dem Hinterhaus, die mich immer in ausufernde Gespräche verwickelt. Gerade stürzt sie den letzten Rest aus ihrer Flasche »Sternburg Pils« herunter, den Kopf in den Nacken gelegt. Dabei ist es erst Mittag. Das ist doch nicht schön, sagt die Stimme. Und außerdem – hast du eigentlich schon mal darüber nachgedacht, warum die Pizza hier so verdammt billig ist? Hast du eine Ahnung, wo dein Pizza-Freund die Zutaten einkauft? Denk mal nach: eine Pizza für 1,95 Euro, die muss doch aus den billigsten Zutaten bestehen, die sich in ganz Berlin auftreiben lassen! Die Stimme hat gute Argumente, das muss ich ihr lassen.

Zwei Häuser weiter hat Mo seinen Imbiss; ich weiß nicht, ob das sein richtiger Name ist, aber er kennt meinen ja auch nicht. Mo stammt aus Syrien und ist eigentlich Ingenieur. Kurz nachdem er seinen Laden eröffnet hat, habe ich mir eine Portion Falafel bei ihm geholt. Mo war unglaublich langsam bei der Herstellung seiner Kreation. Jede Zutat fischte er mit seiner Gemüsegabel einzeln aus dem Behälter und erzählte dazu von seinen Versuchen mit verschiedenen Rezepten und Frittierzeiten für die Kichererbsenpaste und von seinem Beruf. Und noch eine

Tomate. Und zum Abschluss einige Blätter frischer Minze. Den Laden gibt es jetzt schon fast zwei Jahre, und Mo ist nicht schneller geworden. Am Anfang dachte ich, es sei mangelnde Routine, aber es ist offensichtlich wahre Liebe zum Falafel. Und die zahlt sich aus: Mo macht die besten Falafel in der ganzen Stadt. Über seinem Laden hängt ein Schild: »The King of Falafel«. Und neben dem Eingang heißt es: »Erforscht meine Nahrungspyramide und entdeckt orientalische und vegetarische Köstlichkeiten.« Der Laden ist immer voll, wenn ich vorbeikomme. Viele junge Leute, wie man sie vor ein paar Jahren noch eher am Prenzlauer Berg vermutet hätte, wo sie von München aus hingezogen sind. Auch bei Mo kehre ich heute nicht ein. Obwohl er sogar Mecca-Cola anstelle von Coca-Cola verkauft! »Dort dauert es viel zu lange! Und von Falafel bekommst du Blähungen!« Schon gut, Limbo, wir gehen ja schon.

 Mecca oder Coca? Mach den Test!

Seit 2003 gibt es sie auch in Deutschland: Mecca-Cola, das Konkurrenzprodukt zu den US-amerikanischen Cola-Getränke, erfunden von französischen Muslimen. Sie wollen damit, so ihre Werbung, gegen die negativen Auswirkungen der Globalisierung kämpfen und den USA wirtschaftliche Unterstützung verweigern. Gesünder ist Mecca-Cola deshalb noch lange nicht. Welcher Cola-Typ sind Sie? Kreuzen Sie an.

○ Palästina muss frei sein. (A)
○ Mein Getränk sollte von einem Morphiumabhängigen erfunden worden sein. (B)

- ○ Die israelische Regierung handelt zionistisch-faschistisch. (A)
- ○ Es macht mir nichts aus, dass meinem Getränkehersteller rassistische Diskriminierung, Verletzung der Menschenrechte, Mord, Inhaftierung, Vertreibung, Entführung und Entlassungen von Gewerkschaftern in Kolumbien, Guatemala, Peru, Brasilien und den USA vorgeworfen werden. (B)
- ○ Es macht mir nichts aus, dass mein Getränkehersteller Sympathien für den bewaffneten Kampf gegen die Besetzung Palästinas durch Israel hat. (A)
- ○ Mein Getränk sollte in seinem Namen an eine Weltreligion erinnern. (A)
- ○ Mein Getränk sollte früher mal Kokain enthalten haben und auch heute noch so heißen. (B)

Überwiegend A angekreuzt? Mecca-Cola trinken.
Überwiegend B? Dann ist Coca-Cola besser für Sie.

Auf dem Weg zu McDonald's komme ich noch an mindestens drei Dönerbuden vorbei. Hier halte ich mich gar nicht lange auf. Ich ignoriere sie. Früher habe ich gerne mal Döner Kebab gegessen, aber nach sieben Jahren in Kreuzberg ist mir der Appetit darauf vergangen. Ich habe schon so verdammt viel Döner gegessen, es reicht für mein ganzes Leben. Offenbar hat es der Döner als solcher nicht geschafft, Limbo dauerhaft an sich zu binden. Und auch heute gebe ich ihm keine zweite Chance. Dafür habe ich noch den letzten Fleisch-Skandal zu gut in Erinnerung, noch besser bekannt unter dem Namen »Gammelfleisch«. Im Sommer 2006 kam heraus, dass der bayerische Fleischhändler Georg Bruner bis zu fünfzig Tonnen tiefgefrorenes Fleisch in Umlauf gebracht hat, dessen Verfallsdatum schon vier Jahre abgelaufen war. Die Tiere, von denen es stammte, sind wahrscheinlich schon lange tot gewesen, als Mohammed Atta und seine Leute am 11. September 2001 in die beiden Türme des World Trade Centers geflogen sind. Einerseits: Diesen Tieren ist durch ihren frühen Tod so einiges erspart geblieben. Andererseits: Ich will sie deswegen noch immer nicht essen.

Aber ich will den Inhabern der Dönerbuden in meiner Gegend keinerlei Vorwurf machen, auch wenn das im Vergleich zu dem, was Steel und Morris passiert ist, ungefährlich wäre. Na ja, sagen wir: möglicherweise auf eine andere Art gefährlich. Ich will keinen Ärger. Vielleicht sollte ich aus politischen Gründen also doch Döner essen. Die Dönerbuden sind oft Familienbetriebe und die einzige Chance auf einen Arbeitsplatz für die jungen Männer mit Migrationshintergrund[3], die gegenüber meiner Wohnung auf die Hauptschule gehen. Laut Statistik wird ein Drittel dieser Jungs die Schule ohne Abschluss verlassen. Der fleißige Pizzabäcker beobachtet sie jeden Tag. Da sind üble Typen dabei, sagt er. Jungs ohne Zukunft. Jungs ohne Arbeit – wenn sie nicht der Onkel in seiner Dönerbude arbeiten lässt. Und was machen die, wenn sie keine Arbeit finden? Nichts Gutes!

Es ist gar nicht so einfach, einen guten Döner zu finden. Das weiß ich, weil ich Eberhard Seidel gefragt habe. Eberhard war früher ein Kollege bei der taz und dort für das Inlandsressort zuständig. Heute leitet er ein Projekt gegen Rassismus. Und vor zehn Jahren hat Eberhard ein ganzes Buch über den Döner geschrieben, es trägt den treffenden Titel »Aufgespießt. Wie der Döner über die Deutschen

3 Früher hätte man sie schlicht »Ausländer« genannt, was aber in mehrfacher Hinsicht falsch war.

kam«. Eberhard ist der Mann, der sich auskennt. Eberhard ist der Döner-Papst. Und der Döner-Papst hat mir ein kurzes Interview gewährt, als alle Welt mal wieder in Angst vor Gammelfleisch lebte und wissen wollte, ob man noch Döner essen kann. Wir Journalisten lieben solche Skandale. Alle paar Monate tauchen sie auf, und wir haben mächtig viel zu tun: müssen Experten anrufen, die uns über die drohenden Gefahren aufklären, machen Umfragen bei besorgten Bürgern, schreiben flammende Kommentare. Und nach einigen Wochen ist alles wieder vorbei.[4] Bis zum nächsten Skandal.

Eberhard erzählte mir jedenfalls, dass seiner Meinung nach die Mehrzahl der Döner nicht zum Verzehr geeignet ist. Seit den 90er Jahren sind sie immer schlechter geworden. Es gab immer mehr Dönerbuden, und um zu überleben, lieferten sie sich einen Preiskrieg, der bis heute andauert. Und wir, die Konsumenten, lieferten ihnen die Munition. Wir kauften nur den billigsten. Und so wurden die Döner immer billiger und die Qualität immer schlechter. »Wer einen Döner für 1,50 Euro essen möchte, der muss sich nicht wundern, wenn er irgendwelchen Mist hineinfabriziert bekommt«, sagt Eberhard. Unter 2,50 Euro sollte man also keinen Döner kaufen. Und nur dort, wo er fließend weggeht. Am besten ist der Döner dort, wo auch Türken kaufen. Außerdem gibt es verschie-

---

4 Erinnert sich noch jemand an den Wildfleisch-Skandal vom Januar 2006? Den Kühlhaus-Skandal im November und Dezember 2005? Den Schlachtabfall-Skandal im Oktober 2005? Den Nitrofen-Skandal aus dem Mai 2002? Aber zumindest den größten Hit aller Zeiten werden Sie doch nicht vergessen haben – den BSE-Skandal im Jahr 2000. Wunderbare Bilder von torkelnden Rindern! Fast so gut wie die Sülzeunruhen von 1919.

dene Dönerarten, Döner aus Gehacktem und Döner aus geschichteten Fleischscheiben, den Yaprak-Döner. Nur Yaprak essen, sprach der Döner-Papst. Und Hände weg vom Chicken-Döner! Das Putenfleisch im Chicken-Döner ist nämlich noch minderwertiger als das Kalbfleisch und dazu auch noch viel anfälliger für Salmonellen. Der Döner hat zudem noch ein technisches Problem, das Teil seiner Identität ist: Er ist ein sich drehender Fleischspieß. Das Fleisch wird nur außen am Döner-Kegel richtig gegart, im Inneren wird es nur warm, so etwa vierzig bis fünfzig Grad. Da fühlen sich die Salmonellen richtig wohl und entwickeln sich prächtig. Die Dönerbude darf also wiederum nicht zu beliebt sein, es dürfen nicht zehn Leute anstehen, die alle Döner haben wollen, aber pronto – sonst wird das Fleisch zu schnell abgeschabt und ins Brot gesteckt, sodass es keine Chance hatte, richtig heiß zu werden und durchzugaren.

 Was Sie tun können

Observieren Sie den Dönerladen Ihres Vertrauens. Wie viele Kunden pro Stunde hat er?

○ Keine Kunden
○ einen bis zwanzig
○ zwanzig bis fünfzig
○ unglaublich viele

Welcher Herkunft sind die Kunden?

○ Wie gesagt: keine Kunden
○ Nur Türken
○ Türken/Deutsche gemischt
○ Nur Deutsche

○ Nur Deutsche, die wie Schnäppchenjäger aussehen
○ Der Dönerhändler ist ein Thai

Wie hoch ist die Kerntemperatur des Dönerkegels?

_____ Grad Celsius

Finden Sie den vollen Namen Ihres Dönerhändlers heraus und diskutieren Sie mit ihm das Für und Wider des EU-Beitritts der Türkei (gegebenenfalls die Folgen der Tsunami-Katastrophe in Thailand).

Eberhards Antwort auf meine nächste Frage hat Limbo sehr gut gefallen. Sie gefällt ihm heute noch. Eberhard, wenn es um Standards und Kontrolle geht – isst man nicht am besten gleich bei McDonald's? Und Eberhard antwortete: »Der linke Reflex, zu sagen, der Döner sei das bessere Fastfood – der ist sowieso Quatsch. In der Döner-Branche gibt es so katastrophale Arbeitsbedingungen, da hätte Günter Wallraff viel zu tun gehabt, um die zu schildern. Die Leute arbeiten da zum Teil auf weit, weit niedrigerem Standard als jeder Hilfsarbeiter bei McDonald's. Dort gibt es zumindest noch einen Mindeststandard an gewerkschaftlichen Bedingungen. Und bei der Verarbeitung des Fleisches einen hohen Standard an Qualitätskontrolle – weil ein Konzern wie McDonald's sich natürlich keinen Fleischskandal leisten kann. Da gibt es nur die moralische Keule, dass die Ozonschicht durch die furzenden Kühe vernichtet wird und der Regenwald wegen des Soja-Anbaus.«

Der Döner-Papst persönlich hat mir Absolution erteilt! Ich darf zu McDonald's gehen! Nur auf die Fürze der Kühe muss ich achten. Je mehr Burger gegessen werden, desto mehr Rinder werden dafür gezüchtet, desto mehr

Methan stoßen sie aus, desto schneller geht hier alles den Bach runter, das hatten wir schon. Aber kann man diesen Effekt allein McDonald's vorwerfen? Eigentlich gilt das doch für jedes Stück Fleisch, das ich esse. Die Lösung wäre also, überhaupt kein Fleisch mehr zu essen. Möglicherweise wäre das außerordentlich vernünftig. Ich muss ja deswegen kein Veganer werden. Vegetarier wäre vollkommen ausreichend. Angeblich ist das viel gesünder und man fühlt sich frei und unbeschwert. Vielleicht konvertiere ich morgen schon. Heute aber noch nicht. Im Moment ist das völlig ausgeschlossen. Denn ich stehe bereits vor dem McDonald's-Restaurant. Es war mir gar nicht bewusst. Aber da bin ich. Mal wieder. Und wo wir schon mal hier sind, können wir auch reingehen.

 Entscheiden Sie selbst

Schmeckt es Ihnen bei einer Restaurantkette, die eine Filiale in Guantanamo Bay betreibt?

○ Was ist Guantanamo Dings?
○ Nein
○ Nur, wenn auch die Gefangenen dort essen dürfen.

Was jetzt passiert, passiert völlig automatisch. Die Beute so nah vor Augen, schaltet sich mein Bewusstsein aus. Auch Limbo steht nur noch in der Ecke meines Hirns und grinst. Ich stelle mich in die Warteschlange. Ich bin dran. Ich sage »EinBigMacMaxiMenüMitPommesUndKetchupUndColaUndDazuEinenCheeseburgerUndSechsChickenMcNuggetsMitSüßSaurerSauceZumHierEssenBitte.[5]« Und das Mädchen hinter dem Tresen ist baff. So eine perfekte Bestellung hat sie noch nie gehört. Keine Nachfrage mehr nötig. So kann man Frauen beeindrucken! Während sie mein Tablett füllt, fühle ich mich immer stärker. Essen bei McDonald's, das ist Freiheit. Ich bin befreit von den Essmanieren. Ich bin befreit von den Kollegen, die Bücher über Slow Food geschrieben haben. Ich bin befreit von meinen Eltern, die nie mit mir zu McDonald's gegangen sind. Befreit von meiner Freundin, die es besser fände, wenn ich einige Kilo weniger wiegen würde. Befreit von meinem Verstand! Und gleich gibt's was zu essen! Das ist der Himmel. Das ist Rock'n'Roll. Ich liebe es. Und ich suche mir einen freien Platz.

 Was Sie tun können

Verwickeln Sie den Verkäufer bei McDonald's in ein Gespräch über seine Arbeitsbedingungen und bieten Sie an, ihn bei der Gründung eines Restaurant-Betriebsrates zu unterstützen. Vorsicht: Die Leute mit den goldenen Namensschildchen könnten zum Management gehören!

---

5 Was ich in diesem Moment nicht weiß: Laut aktueller McDonald's-Kalorientabelle, nachzulesen auf www.mcdonalds.de, habe ich gerade 1800 Kalorien bestellt, darunter 74 Gramm Fett und 82 Gramm Zucker. Da ich viel am Computer arbeite und wenig Sport treibe, habe ich (nach einer Tabelle der Stiftung Warentest) einen Tagesbedarf von ca. 2800 Kalorien und dürfte heute also noch weitere 1000 Kalorien zu mir nehmen. Hey, das sind immer noch vier Hefeweizen!

O ja, ich zeig es ihnen allen. Alle, alle verspeise ich sie. Den BigMac und die Vernunft. Einen BigMac mit Würde zu essen, das erfordert viel Übung. Ich bin mir nicht sicher, ob ich schon genug Erfahrung damit habe. Es ist mir egal. Ich haue rein. Ich spritze das Ketchup auf die Tablett-Unterlage und tunke die Pommes hinein, immer drei auf einmal. Dabei lese ich, was auf der Unterlage steht. Hmmm, im Happy Meal »steckt jetzt noch mehr dahinter«! Mit Fisch McNuggets »in lustigen Formen«. Mit Multivitaminsaft und Biomilch. Und, wer sagt's denn, mit einem Cheeseburger, der bei der Stiftung Warentest Testsieger unter achtzehn Konkurrenten war. Und einem glücklich grinsenden Kind. Ich habe noch nie ein Happy Meal gegessen.

Ich esse immer

EinBigMacMaxiMenüMitPommesUndKetchupUnd ColaUndDazuEinenCheeseburgerUndSechsChicken McNuggetsMitSüßSaurerSauce, manchmal auch

EinBigMacMaxiMenüMitPommesUndKetchupUnd ColaUndDazuEinenCheeseburgerUndEinenRoyalTS oder, in sehr seltenen Fällen,

EinBigMacMaxiMenüMitPommesUndKetchupUnd ColaUndDazuEinenCheeseburgerUndSechsChicken McNuggetsMitSüßSaurerSauceUndWartenSieMalEinen RoyalTSnehmeIchAuchNoch.

Und obwohl mich die Vorteile der ausgewogenen Ernährung des Happy Meals offensichtlich nicht betreffen, habe ich doch ein besseres Gefühl. Es gibt Biomilch und Vitaminsaft bei McDonald's. So schlecht kann der Laden doch gar nicht sein. Der BigMac ist schon weg, und ich habe gerade einen Cheeseburger in der linken und den Cola-Becher in der rechten Hand, und ich kaue den Testsieger, und ein Mädchen kommt an meinen Tisch. Sie hat schwarzes Haar und einen bunten Rock an, ist vielleicht vierzehn Jahre alt und trägt ein Pappschild in der Hand, wahrscheinlich will sie ein paar Cent von mir und auf dem Schild steht wohl, dass ihre Familie kein Geld hat und sie dringend etwas zu essen braucht und ich lese das Pappschild nicht und brumme nur ärgerlich mit vollem Mund und schüttle den Kopf. Was für eine Unverschämtheit, mich beim Essen zu stören. Beinahe hätte ich die Cola umgeworfen. Ich vertilge das erste der sechs ChickenMcNuggets und langsam steigt der Glykogen-Spiegel wieder, und ich bemerke, dass noch andere Menschen in diesem Lokal sitzen außer mir. Zum Beispiel am Nebentisch. Eine Frau Mitte Vierzig mit einer seltsam gefärbten Dauerwelle und ein Mädchen, etwa in dem Alter der Bettlerin, aber knallblond und stark geschminkt. Wahrscheinlich ihre Tochter, denke ich, und die Mutter hustet einen rasselnden Raucherhusten, fehlt nur noch der grüne Auswurf, und ich tunke das zweite ChickenMcNugget in die süß-saure Sauce. Die beiden unterhalten sich laut über die Bettlerin von eben, sie sagen laut, was ich nur gedacht habe, was für eine Unverschämtheit, dass man die hier überhaupt reingelassen hat, rausschmeißen sollte man die, nicht nur aus dem Lokal, aus dem Land sollte man sie rausschmeißen. Das habe ich nicht gedacht, hoffe ich. Und ich tunke das dritte ChickenMcNugget in die süß-saure Sauce und jetzt bin ich langsam satt, wer hätte das gedacht. Limbo hat sich verzogen, schläft wahrscheinlich für eine Weile, und zwei Tische weiter probiert eine Gruppe von Schülern die Ghetto-Blaster-Funktion ihrer Handys aus. Um die Wette. Und die Cola ist alle. Und ich tunke das vierte ChickenMcNugget in die süß-saure Sauce, und ich will gar nicht wissen, wie die Hühner aufgewachsen sind, deren Fleisch ich hier gerade verspeise. Und eigentlich ist es ziemlich voll hier und laut und unangenehm. Das Publikum gefällt mir nicht. Da gegenüber sitzt ein Dicker, der sich lange nicht rasiert hat, er sieht ziemlich ungeduscht aus, und er frisst gerade einen RoyalTS, die Mayonnaise fließt ihm die Finger herunter, kein schöner Anblick. Das fünfte und sechste ChickenMcNugget esse ich nur noch aus Pflichtgefühl. Lieber den Magen verrenkt, als dem Wirt was g'schenkt, sagt man in Bayern. Den Magen verrenkt habe ich mir wohl nicht, aber ich habe ihn bis zum Anschlag gefüllt, das spüre ich deutlich. Ich bin nicht nur einfach satt. Ich bin voll. Ich beginne zu schwitzen. Ich brauche frische Luft. Und eine Zigarette, sagt Limbo. Da ist er wieder. Ich muss hier raus.

Vor dem Lokal sitzt ein Bettler auf einem Klappstuhl in der Sonne. Er hat lange Haare und eine Bongotrommel auf den Knien, er trommelt einen langsamen Rhythmus. Ich hatte ihn vorher nicht bemerkt, obwohl er genau vor dem Eingang des Restaurants sitzt. Der Mann ist offensichtlich ein guter Psychologe: er hat es auf die vollgefressenen, schuldbeladenen Burgerjunkies abgesehen. Da ist er bei mir genau richtig. Ich bin nicht nur übersatt, jetzt packt mich auch noch das schlechte Gewissen. Wie vorhin das MaxiMenü in meinen Magen, schlägt jetzt die Vernunft in mein Hirn ein. Warum nur habe ich mich mal wieder so gemästet? Warum nur habe ich hartherzig die arme Bettlerin abgewiesen? Ich bin ein Schwein! Ich ziehe meinen Geldbeutel heraus. Soll er fünfzig Cent haben, was soll's, und noch eine Fünfzig-Cent-Münze lasse ich in seine Zigarrenkiste fallen. Ich will mir Absolution kaufen. Oder zumindest ein Lächeln. Wenn er mich jetzt anlächelt, der

Bettler, dann ist alles wieder gut. Ich rülpse. Der Bettler lächelt nicht. Aber ich bezahle ihn doch dafür! Unverschämtheit! Will er etwa noch mehr? Er sieht mich nur an. Mir scheint: verächtlich. Wahrscheinlich ein Veganer. Er trommelt langsam weiter. Ich werde nervös. Ich zünde mir eine Zigarette an. Verdammt, ich habe den Filter zuerst angezündet. Jetzt ist mir erst so richtig schlecht. Ich schwöre: Das war das letzte Mal, dass ich bei McDonald's gegessen habe. Ehrlich. Bis zum nächsten Mal.

Nachtrag: Der McDonald's-Kundenservice hat mir zwar sofort, nachdem ich ihm meine Mail geschickt habe, automatisch geantwortet und versprochen, sich meines »Anliegens« annehmen zu wollen und sich mit mir in Verbindung zu setzen. Aber bis heute habe ich keine Antwort erhalten. Jedenfalls nicht von McDonald's. Aufschlussreich war allerdings ein Artikel, den ich mittlerweile über eine Studie der Rockefeller Universität in New York aus dem Jahr 2003 gelesen habe. Die Forscher haben herausgefunden, dass stark fetthaltige Ernährung ähnlich abhängig macht wie Kokain oder Heroin. Das Hirn stellt sich darauf ein. Wer sich an viel Fett im Essen gewöhnt hat, der will immer mehr davon. Und mehr. Und mehr. Und mehr. Und noch ein bisschen mehr. Hmmm … Burger.

Hochmut
Der Prozess.
Endlich vor Gericht: die Handlanger der Großkonzerne.
Und: der Beweis – Tabak ist dumm

»Also gut. Angeklagter, was haben Sie zu Ihrer Verteidigung vorzubringen?«

»Ich wurde angestiftet. Er wollte, dass ich es mache. Ich sollte für ihn die Drecksarbeit erledigen. Von alleine wäre ich nie auf so etwas gekommen. Ich war nur sein Werkzeug. Seine eigenen Hände wollte er sich nicht schmutzig machen.«

»Stimmt das, Zeuge? Ich muss Sie darauf aufmerksam machen, dass Sie sich mit einer Aussage selbst belasten könnten.« Das ging mir jetzt doch etwas zu schnell. Das sollte doch nur ein lustiges Spiel werden an einem kalten Berliner Herbstnachmittag, eine kleine Gerichtsverhandlung am Sonntag, keine große Sache, nur meine Freundin und ich als Ankläger und Verteidiger und später auch Richter. Und natürlich die Angeklagten: der grobschlächtige Rohrreiniger. Der penetrant parfümierte Klo-Duft-Spüler. Und der Beschuldigte in unserem ersten Verfahren: unser scharfer Kloreiniger. Die Anklage lautete auf schwere Umweltverschmutzung und Gesundheitsgefährdung, Höchststrafe: Verbannung aus unserem Haushalt. Wir waren mitten in der Beweisaufnahme. Und jetzt das. Diese plötzliche Strenge im Tonfall meiner Freundin gefiel mir nicht. Ich nahm meine improvisierte Gerichtsperücke vom Kopf und legte sie vor uns auf den Couchtisch neben den Kloreiniger und seine Mitverschwörer. Verhandlungspause!

»Moment, Moment. Jetzt sitze ich auch auf der Anklagebank? So war das aber nicht gedacht!«

»Du sitzt immer auch auf der Anklagebank. Was denkst du denn, was dabei herauskommt, wenn du eine Gerichtsverhandlung gegen deinen Kloreiniger führen willst? Du hast das Zeug doch selbst gekauft.«

»Ja, aber ich bin hereingelegt worden! Er hat mich über den Tisch gezogen.«

Jetzt meldete sich der Kloreiniger zu Wort. »Ich muss doch sehr bitten, ja? Achten Sie darauf, was Sie sagen, sonst werde ich Sie wegen Beleidigung belangen.« Soso, der machte auf seriös. Ganz fein hatte er sich herausgeputzt, um von seinem anrüchigen Geschäft abzulenken. Und jetzt wollte er mir die ganze Schuld zuschieben. Na, damit würde er nicht durchkommen. Dem würde ich es zeigen.

»Das ist ein ganz übler Typ!«

»So dürfen Sie über mich nicht reden!«

Ich war aufgesprungen. Auf dem Couchtisch kam es zu deutlich vernehmbarem Gemurmel: »Unverschämt, erst sollen wir die Arbeit machen, und dann stellen sie uns vor Gericht!«, sagte der Klo-Duft-Spüler. Der Rohrreiniger saß breitflaschig da und rülpste vernehmlich. Meine Freundin schlug dreimal hart mit dem Fleischklopfer auf den Tisch. »Ruhe, sonst lasse ich den Saal räumen! Zeuge, setzen Sie sich wieder!« Hatte sie sich schon auf seine Seite geschlagen? Das würde eine harte Verhandlung werden. Ich griff nach der Perücke. Aber meine Freundin ging sofort dazwischen.

»Mein Lieber, du kannst die Perücke liegen lassen. Du bist jetzt Zeuge. Herr Zeuge, schildern Sie, wie es zu der Geschäftsbeziehung zwischen Ihnen und dem Angeklagten kam.«

Das war eine lange Geschichte. Wo sollte ich anfangen? »Euer Ehren, Sie müssen mir glauben, dass ich schon aus purem Umweltbewusstsein nie in meinem Leben etwas mit aggressiven Putzmitteln zu tun haben wollte.«

»Dieser Umstand ist dem Gericht bekannt und in den Unterlagen vielfach dokumentiert. Daraus geht eindeutig hervor, dass Sie mit dem Putzen an sich nichts zu tun haben wollten. Nähern Sie sich dem Richtertisch und nehmen Sie diese Beweisfotos in Augenschein.«

Ich weiß nicht, woher der Kloreiniger diese Bilder hatte. Sie zeigten meine Toilette und mussten ihrem Zustand nach entstanden sein, bevor meine Freundin bei mir eingezogen war. Es waren keine schönen Bilder. Mein Kontrahent fühlte sich schon auf der Siegerstraße: »Na, sehen Sie es, der Mann war doch ohne mich völlig aufgeschmissen. Völlig hilflos.« Der kleine Klo-Duft-Spüler rümpfte seine Befestigungsklemme. »Sehen Sie sich nur diesen Saustall an. Und das ist unser Arbeitsplatz.« Der Rohrreiniger hatte es offenbar nicht für nötig gehalten, die Bilder zu betrachten. Er rülpste wieder. Nein, das war kein Rülpser gewesen, sondern ein Wort: »Sau!« Meine Vorsitzende Freundin ergriff wieder das Wort.

»Zeuge, Sie geben also an, niemals geputzt zu haben.«

»Äh, ja, na ja, vielleicht manchmal. Doch dann trat eines Tages eine wunderschöne Frau in mein Leben und kündigte an, mich daheim besuchen zu wollen.«

»Die Schmeicheleien können Sie sich sparen.« Der verdammte Kloreiniger wieder.

»Unterbrechen Sie mich nicht. Um acht wollte sie kommen, aber ich arbeitete doch bis um halb sieben! Essen und Getränke hatte ich schon gekauft, aber dann fiel mir ein, dass sie vielleicht einen anderen hygienischen Standard bevorzugt als den, der bei mir herrschte. Also bin ich schnell nach der Arbeit in einen Drogeriemarkt gegangen. Und da stand er dann.«

»Befindet sich der bewusste Reiniger in diesem Raum?«

»Ja.«

»Bitte deuten Sie mit dem Finger auf ihn.«

Das tat ich. Ich zeigte mit dem Finger auf den Angeklagten. »Das ist er. Das ist der Reiniger, den ich an jenem Abend im Drogeriemarkt getroffen habe. Es war zwar schon dunkel, aber ich erkenne ihn genau.«

»Wie, dunkel? Der Drogeriemarkt war doch sicherlich beleuchtet?«

»Äh, ja. Jedenfalls: Das ist er. Dan Klorix, so nennt er sich. Dan Klorix. Was das schon für ein Name ist! Ich hätte eigentlich von Anfang an misstrauisch werden müssen.«

»Waren Sie aber nicht. Sie haben ihn gekauft.«

»Ja. Er nannte sich ›Hygiene-Reiniger‹. Und genau das war es, was ich an diesem Abend dringend brauchte: Hygiene. Wenn Sie verstehen, was ich meine. Kräftig und gründlich sei er, das hat er behauptet. Und ich habe ihm vertraut.«

»Hat er Ihr Vertrauen denn enttäuscht?«

»Nein, das kann ich nicht behaupten. Er war sehr gründlich. Das Bad war sauber und der Abend schön. Aber wenn ich geahnt hätte, welche Methoden er verwendet! Die Mitarbeiter eines Inkasso-Unternehmens sind Klosterschüler dagegen!«

»Was hat er denn getan?«

»Der ist hingegangen und hat sie alle umgebracht. Sämtliche kleinen Lebensformen in meinem Bad hat der auf seinem Gewissen. Und dann ab übers Abwasser und weiter gemordet! Das wollte ich nicht. Ich habe das nicht gewollt.«

Ich war fast den Tränen nahe, doch gelegentliche Seitenblicke auf meine Vorsitzende Richterin Freundin zeigten mir, dass das Gericht sich nicht erweichen lassen würde. Sie nahm mir die Geschichte des verführten Unschuldigen nicht ab. Jetzt wandte sie sich an den Angeklagten.

Der schien ganz entspannt. »Herr Angeklagter, Dan Klorix, das ist doch nicht Ihr richtiger Name?«

»Diesen Namen habe ich mir für mein Geschäftsleben zugelegt. Manchmal nenne ich mich auch anders. Tatsächlich heiße ich Natriumhypochloritlösung. Aber das steht alles ganz korrekt in meinen Papieren.«

Na also, jetzt hatte ich ihn. »Sie sind Chlor! Sie geben es ja selbst zu! Aber auf Ihrer Flasche steht es nicht. Sehen Sie, hohe Richterin«, ich rückte näher an die Vorsitzende heran, griff mir den überraschten Angeklagten und drehte ihn schnell auf den Rücken. Er protestierte heftig, konnte aber nichts machen. »Sehen Sie, hier, unter ›Inhaltsstoffe: Unter 5 % Nichtionische Tenside, Desinfektionsmittel, Duftstoffe.‹ Kein Wort von Chlor oder, wie heißen Sie …«

Ich drehte Dan Klorix wieder um. »Natriumhypochlorit, wenn's beliebt. Und wenn Sie mich nochmal umdrehen, werden Sie feststellen, dass das sehr wohl verzeichnet ist. Bitte sehen Sie unter ›Hygiene und Desinfektion‹ nach, ganz unten im Absatz unter ›Bettpfannen und Urinalflaschen, Sanitäranlagen‹. Na, sehen Sie es?« Er hatte sich schon selbst wieder umgedreht, und tatsächlich, da stand: ›Wirkstoff: Natriumhypochlorit‹. »Wenn Sie mich jetzt bitte wieder absetzen könnten. Oder nein, werfen Sie vorher gerne noch einen Blick auf den großen Warnhinweis: ›xi Reizend‹ und das große schwarze Kreuz auf dem orangen

Hintergrund.« Ich stellte ihn wieder auf den Couchtisch. Dan Klorix beriet sich kurz mit seinen Mitangeklagten, dann wandte er sich wieder an uns. Er schien jetzt noch selbstbewusster zu sein als vorher. Keck schnackelte er mit seinem weißen Käppchen.

»Ich habe niemals behauptet, besonders umweltfreundlich zu sein.«

»Und die grüne Flasche? Grün, das ist doch wohl Umwelt!«

»Ach kommen Sie. Stellen Sie sich doch nicht noch blöder, als Sie sowieso schon sind.«

Der Kloreiniger lachte kehlig. »Und überhaupt, was wollen Sie von mir? Chlor wird überall eingesetzt. Ich werde sogar ins Trinkwasser gekippt! Absichtlich! Ganz legal. Zur Desinfektion. Außerdem zerfalle ich bei der Anwendung in Wasser, Sauerstoff und Kochsalz. Ich habe keine Säuren dabei, schleppe keine Phosphate mit mir herum und auch keine Farbstoffe. Bei mir wissen Sie, was Sie bekommen. Dafür garantiere ich mit meinem Namen: Dan Klorix. Das ist die Dan Klorix-Garantie.«

»Jaja, schon gut, Herr Klorix. Wir haben diese Angaben schon Ihrer ausführlichen Eigenwerbung entnommen. Sie sind schon ein toller Kerl.« Meine Vorsitzende Freundin lachte. Es war ein helles und freundliches Lachen. Hatte sie nicht gerade sogar dem Kloreiniger zugezwinkert? In mir erwachte ein ungutes Gefühl: Eifersucht. War das Ganze etwa ein abgekartetes Spiel? Steckten die beiden unter einer Decke? Hatte sie was mit diesem Dan Klorix?

In der Verhandlungspause ging ich auf den Balkon, eine rauchen. Mit meinem alten Kumpel Drum Drehtabak. »Mann, das sieht nicht gut für dich aus. Das sieht gar nicht gut aus. Mannomannomann«, sagte Drum. »Sieht ganz so aus, als ob sich der Kloreiniger herausreden könnte«, sagte ich. »Mann, der hat dich ganz schön in die Defensive gebracht, Alter. Gib's lieber auf«, sagte der Tabak. Er ist nicht der Hellste. »Quatsch, Tabak. Ich brauche nur mehr Informationen.«

»He, schau mal, Alter, der macht deine Freundin an.« Tatsächlich: Meine Freundin schien sich wirklich sehr gut mit diesem Dan Klorix zu verstehen. Durchs Fenster konnten wir sehen, wie sie drinnen im Warmen saßen und miteinander scherzten. Manchmal sahen sie zu mir herüber, das schien sie besonders zu belustigen. Der Tabak plapperte weiter: »Mann, Alter, vergiss es. Du hast hier nichts mehr verloren. Vergiss den Prozess. Lass die beiden allein. Wir gehen ein Bier trinken.« Aber so leicht wollte ich mich nicht geschlagen geben. Entschlossen öffnete ich die Balkontür.

Lesen Sie nach einer kurzen Werbeunterbrechung: Überraschende Wendung im Fall Dan Klorix! Vorsitzende Richterin gesteht: »Ja, ich hatte was mit Dan.« Kann sie jetzt noch unabhängig entscheiden? Aber jetzt: Werbung.

Soll es Ihnen auch einmal so gehen wie mir? Wollen Sie als Angeklagter in ihrem eigenen Wohnzimmer sitzen? Können Sie es vor Ihrem Gewissen verantworten, eine Umweltsau zu sein? Nein? Dann kaufen Sie niemals aggressive Reinigungsmittel! Greifen Sie zu umweltfreundlichen und biologisch vollständig abbaubaren Produkten! Es gibt sie auch in Ihrem Supermarkt um die Ecke. Na gut, manchmal stinken sie nach Essig. Aber längst nicht alle! Und gar nicht schlimm! Bei der Zeitschrift Öko-Test können Sie sich Testergebnisse von Haushaltsreinigern herunterladen.[6] Und wenn Sie ganz sichergehen wollen,

6 www.oekotest.de

kaufen Sie Ihre Produkte bei einem Anbieter, der ausschließlich umweltfreundliche Artikel anbietet, wie zum Beispiel Waschbär[7]. Außerdem: Später in diesem Buch – das nächste Kapitel! Bleiben Sie dran!

Und jetzt: Weiter im Kapitel.

Auf der Couch immer noch meine Freundin im angeregten Gespräch mit dem Kloreiniger. Als die beiden sahen, dass ich wieder da war, brachen sie ihr Gespräch plötzlich ab. Meine Vorsitzende Freundin machte ein ernstes Gesicht, schlug zweimal mit dem Fleischklopfer auf den Couchtisch und sagte: »Die Verhandlung ist wieder eröffnet. Wo waren wir stehengeblieben? Ach ja, bei der vollständigen Abbaubarkeit des Angeklagten.« Jetzt schlug meine Stunde. Während der Werbepause hatte ich mir schnell einige Stichworte notiert.

»Frau Vorsitzende, der Angeklagte lügt wie gedruckt. Es ist nicht wahr, dass er vollständig abbaubar ist. Zu mindestens einem Prozent bildet er, äh, adsorbierbare organisch gebundene Halogene, auch AOX genannt. Und die sammeln sich im Abwasser.«

»Stimmt das, Angeklagter?«

»Nun ja. Es stimmt schon, wenn ich mich verdünnisiere, kommt manchmal AOX dabei heraus, aber nur sehr wenig. Nur 0,1 Mikrogramm pro Liter.[8]«

»Im Abwasser?« Man musste den Typen auf jede einzelne Silbe festnageln.

»Nun ja, im Oberflächenwasser.« Schon wieder ver-

7 www.waschbaer.de

8 So schreibt es jedenfalls Walter Gekeler vom »Industrieverband Hygiene und Oberflächenschutz für industrielle und institutionelle Anwendung« in der Zeitschrift »KA – Wasserwirtschaft, Abwasser, Abfall«, Bd. 48 (1), S. 85–90.

suchte er, uns mit seiner Wortklauberei zu verwirren. Ich verlor langsam die Geduld. »Oberflächenwasser? Was soll das schon wieder heißen?«

»Na ja, im Wasser eben. In allen Flüssen und Seen und Pfützen und so weiter. Aber AOX bildet sich auch ganz natürlich und ist meiner Ansicht nach eigentlich sowieso überhaupt kein Problem, und ich bin längst nicht der Einzige, der AOX verursacht.«

Endlich redete er Klartext – wenn auch immer noch beschönigend. Das konnte ich nicht zulassen. »Einspruch, Euer Ehren! AOX belastet das Wasser, viele der AOX-Verbindungen sind giftig und biologisch schwer abbaubar – wenn man sie einmal in die Umwelt gebracht hat, bleiben sie.« Aber meine Vorsitzende Freundin schien gar nicht richtig hinzuhören. Traurig blickte sie auf Dan Klorix, den Kloreiniger, schluckte und sagte: »Dan, davon hast du mir nie etwas gesagt. Wir müssen uns trennen.« Moment, Moment, was passierte da? Jetzt nannte sie ihn schon beim Vornamen. Und was hieß hier »trennen«? Was lief da zwischen den beiden? Ich stellte meine Freundin zur Rede.

»Na ja, als ich Dan das erste Mal getroffen habe, damals, als ich dich besuchte, da hat er mir sehr gut gefallen. Er hatte alles so gut sauber gemacht! Und dann, ich wollte es dir eigentlich nicht sagen, aber nachdem ich bei dir eingezogen bin, da habe ich mich ab und zu mit ihm getroffen.«

»Komm schon, was ist passiert? Da ist doch mehr, als du gesagt hast.«

»Er kann nämlich nicht nur putzen, weißt du?«

»Was habt ihr miteinander getrieben?«

Der Nachbar klopfte an die Wand. Ich war wohl etwas

laut geworden. Wieder Gemurmel auf der Anklagebank. Dan Klorix tuschelte vernehmlich mit dem Klo-Duft-Spüler: »Die frisst mir aus der Hand. So einen wie mich hatte sie noch nie.« Ich hätte ihn zum Fenster hinauswerfen wollen, aber das hätte das Problem nicht gelöst. Er wäre unter Aufbietung eines hämischen Victory-Zeichens ins Grundwasser gesickert und hätte dort schamlos weiter gemordet. Meine Freundin hatte sich wieder gefangen.

»Na gut, du wolltest es unbedingt wissen. Wir haben doch diese verfärbten weißen Handtücher gehabt. Und manchmal, wenn du nicht da warst, da haben Dan und ich zusammen die Wäsche entfärbt.« »Ihr habt was?« »Na, gebleicht.« Klorix wieder. »Das kann ich nämlich auch noch. Es hat dir doch gefallen, Baby?«

Jetzt reichte es endgültig. Ich griff mir den Fleischklopfer, schlug kräftig auf den Tisch, der Nachbar klopfte wieder, aber das war mir egal – ich war so weit, das Verfahren zu beenden: »Im Namen des Haushalts, der Umwelt und der Beziehung ergeht folgendes Urteil: Dan Klorix wird verbannt und darf nicht mehr gekauft werden. Der Typ ist zu scharf.«

Damit hatte der Kloreiniger offenbar nicht gerechnet. Seine Flaschenfarbe verfärbte sich deutlich in Richtung blass-grün. Bevor wir ihn abführten, stieß er noch eine letzte Drohung aus: »Na gut, ich gehe, aber ich gehe nicht alleine. Mit mir werden alle Produkte euren Haushalt verlassen, die von meinem Konzern[9] hergestellt worden sind. Und dann werdet ihr schon sehen, wie ihr ohne uns zurechtkommt! Jungs, wir hauen ab!«

9 Colgate-Palmolive

»Na und, was soll's, geht nur! Wir wollen sowieso keinen Konzern unterstützen, der Zeug wie dich herstellt, Dan Klorix!«, rief ich ihm hinterher. Meine Freundin schaute skeptisch. Auf Dan Klorix' Kommando hin kam Bewegung in unser Badezimmer. Die Colgate-Zahncreme und das Palmolive-Duschgel packten ihre Sachen. In der Küche, unter der Spüle, machten sich der Ajax-Fensterreiniger und der Softlan-Weichspüler abreisefertig. Beim Gehen schlugen sie lautstark die Türe hinter sich zu. Pah! Konzern-Produkte!

Jetzt mussten wir nur noch den Rest loswerden. Schwungvoll setzte ich mir wieder die Richter-Perücke auf. »Gut. Kommen wir nun zu den beiden anderen Angeklagten. Klo-Duft-Spüler, was haben Sie vorzutragen? Name, Herkunft, Umweltverträglichkeit?«

Der kleine Klo-Duft-Spüler hatte wohl schon gehofft, wir hätten ihn vergessen. Er zupfte sich die Klemme zurecht und sagte: »Mein Name ist Pink Silk Ambi Pur Flush von Sara Lee und wie Sie vielleicht schon bemerkt haben, laufe ich bereits aus.« Er hatte die Stimme einer alternden Frau, die einmal sehr schön gewesen sein muss, der aber im Leben übel mitgespielt worden war, vor allem am Arbeitsplatz ganz übel mitgespielt worden war. Unaussprechliches war über sie ausgegossen worden – und dennoch hatte sie sich Würde und Grazie bewahrt. »Es liegt mir ja fern, Ihnen Vorschriften machen zu wollen, aber ich halte es nicht für besonders hygienisch, mich im laufenden Betrieb aus Ihrer Toilette zu entnehmen und auf Ihren Couchtisch zu legen. Und gleich daneben fuchteln Sie mit dem Fleischklopfer herum! Sollten Sie mich später noch auf ein Wiener Schnitzel einladen wollen, muss ich leider jetzt schon dankend ablehnen. Außerdem, wie gesagt, laufe ich aus und Sie werden meinen Duft tagelang nicht aus Ihrem Wohnzimmer bekommen. Nun ja, wenn es Sie nicht stört …«

»Mich schon«, sagte meine Freundin.

»Mich auch«, sagte der Couchtisch.

»Klappe, Tisch! Zu dir kommen wir noch, alter Wackler. Also, Frau Ambi Pur Flush von Sara Lee, wie steht es um Ihre Umweltverträglichkeit?«

»Ich sage ja immer: Der Geruchssinn ist unser unmittelbarster Sinn. Wir reagieren spontan auf Gerüche, ohne uns dagegen wehren zu können. Ein angenehmer Duft und das persönliche Wohlbefinden liegen also sehr nahe beieinander. Anders gesagt: ›Ein Tag ohne Wohlgerüche kann kein glücklicher Tag sein.‹ Sara Lee hat sich dieser alten, ägyptischen Weisheit angenommen und mich erfunden. Denn Sara Lees Mission ist es, für Konsumenten auf der ganzen Welt zu sorgen, sie und ihre Familien zu bekleiden und sie zu füttern.«

»Sie haben meine Frage nicht beantwortet.« Der Klo-Duft-Spüler ließ sich nicht beirren.

»Ich biete durch mein patentiertes Dosiersystem entscheidende Vorteile. Die konstante Abgabe meines duftenden Reinigerkonzentrates sorgt für einen angenehm frischen Duft im ganzen Bad. Aber nicht nur durch die konstante Duftabgabe, sondern vor allem auch durch die innovativen Duftkonzepte habe ich seit meiner Markteinführung viele Verbraucher überzeugen können. Zu der hohen Verbraucherzufriedenheit hat auch die große Vielfalt meiner Düfte und Farben beigetragen.«

Langsam wurde ich ungeduldig. »Was ist jetzt mit der Umwelt?«

»Ökologie ist ein Schlüsselwort unserer Zeit. Der Schutz

und Erhalt der natürlichen Lebensgrundlagen ist auch unter wirtschaftlichen Aspekten zu einer der wichtigsten Aufgaben geworden. Jeder Einzelne ist somit aufgefordert, seiner Verantwortung gerecht zu werden und seinen Anteil zum Schutz der Umwelt beizutragen.«

»Das klingt wie auswendig gelernt«, sagte ich.

»Das ist meine Überzeugung«, sagte Pink Silk Ambi Pur Flush von Sara Lee.

»Wenn ich dazu auch mal etwas sagen darf«, sagte Lack, der Couchtisch. »Es war hier mal Besuch, der hat eine Ausgabe der Zeitschrift Ökotest auf mir liegen gelassen und ich habe sie gelesen und …«

»Klappe, Tisch«, sagte ich.

»Lass ihn doch erst mal ausreden«, sagte meine Freundin.

»Danke«, sagte Lack. »Also, da stand, dass Klo-Duft-Spüler alle umweltschädlich sind und dass dieser hier noch einer der schlechteren ist, weil er Nitro- und polyzyklische Moschus-Verbindungen enthält. Das sind künstliche Duftstoffe, die sich im menschlichen Fettgewebe anreichern können. Man hat sie auch schon in der Muttermilch gefunden. Einige davon sind gesundheitsschädlich.«

»Verdammt, ich hab's geahnt. Warum haben wir den überhaupt?«, fragte ich meine Freundin. »Na ja, du weißt ja, die alte ägyptische Weisheit: Ein Tag ohne Wohlgerüche kann kein glücklicher Tag sein. Und, nun ja …« Sie zögerte. Der Couchtisch sprang ein.

»Also, in der Ökotest stand auch, dass sich Toiletten viel leichter reinigen lassen und auch nicht so stinken, wenn Männer im Sitzen urinieren.« Er sagte tatsächlich »Urinieren«. Weichei. »Ich putze regelmäßig und gründlich die Toilette«, stellte ich fest. »Womit eigentlich – ab demnächst?«, fragte meine Freundin. Gute Frage. Der scharfe Dan Klorix war weg.

 Was Sie tun können

1. Ordnen Sie folgende Möglichkeiten der Toilettenreinigung nach Umweltverträglichkeit, beginnend mit der umweltverträglichsten:
   A. Chlorreiniger
   B. Keine Reinigung
   C. Nach jedem Toilettenbesuch mit der Bürste
   D. Essigreiniger

2. Ordnen Sie die Begriffe noch einmal, diesmal beginnend mit der hygienischsten Möglichkeit.

3. Was bedeutet in diesem Zusammenhang »umweltverträglich«? Diskutieren Sie mit Ihrem Partner.

»Also jedenfalls«, sagte der Couchtisch, »sind diese Duftspüler völlig überflüssig. Also, bei uns in Schweden …«
»Ach, was reden Sie denn da«, schaltete sich Pink Silk Ambi Pur Flush von Sara Lee wieder ein. »Tag für Tag entscheiden sich Menschen in ganz Deutschland für mich und andere Produkte von Sara Lee – und das rund um die Uhr. Übrigens, meine Liebe«, der Klo-Duft-Spüler wandte sich an meine Freundin, »wir hätten da vielleicht noch etwas für Sie im Angebot. Die reichhaltige Aufbaucreme und die fältchenmildernde Augencreme Quenty von Sara Lee.«

Meine Freundin griff sich den Fleischklopfer: »Verurteilt wegen kompletter Überflüssigkeit zu Nichtwiederkauf nicht unter lebenslänglich. Revision ausgeschlossen.« Selbst mich überraschte ihre Härte. Pink Silk Ambi

Pur Flush von Sara Lee war entsetzt, behielt aber Haltung. »Ich gehe. Und ich werde meine Freunde aus dem guten Hause Sara Lee mit mir nehmen. Möge Ihr Haushalt im Gestank untergehen.«

Und so verließen im Gespann die Gebrüder Duschdas und Badedas unser Badezimmer, und aus dem Küchenschrank seilte sich eine Dose Natreen-Süßstoff ab. Zu meinem Erstaunen meldete sich plötzlich der Drum-Drehtabak in meiner Hemdtasche: »Lass mich raus! Ich will weg!« »Du bleibst schön hier.« Das hätte mir gerade noch gefehlt. »Erzähl mir nicht, dass du eigentlich Drum von Sara Lee heißt, Kumpel.« »Na ja, weißt du«, jetzt kletterte er selbständig aus meiner Hemdtasche und ließ sich auf den Couchtisch fallen. »Servus«, sagte der Couchtisch. »Hi«, sagte der Tabak und wandte sich wieder an mich, »ich komme eigentlich aus den Niederlanden. Deswegen spricht man mich übrigens auch nicht ›Dramm‹ aus, wie du das immer machst, Alter. Sondern …«

Und dann sprach er ›Drum‹ korrekt aus. »Ich komme von Douwe Egberts, die machen auch viel Kaffee und Tee. Und Douwe Egberts gehört Sara Lee. Also, Leute, ich muss los.« Er hatte sich aus Zigarettenpapier eine Leiter zusammengeklebt und stieg jetzt staksig vom Couchtisch hinab. Doch die Leiter riss, er stürzte die letzten Zentimeter. Er fluchte und rappelte sich wieder auf. Zum Glück hatte er sich nichts getan. Zielstrebig robbte er Richtung Zimmertür. Moment, Moment, der konnte doch jetzt nicht so einfach abhauen. Den brauchte ich noch! Meine Freundin wollte ihn schon zur Tür bringen. »Drum! Warte! Eine dreh ich mir noch von dir. Und während ich die rauche, schauen wir uns deine Besitzverhältnisse nochmal genauer an.« »Na gut.«

Zu meiner großen Erleichterung stellte sich heraus, dass Drum zwar tatsächlich aus dem Hause »Douwe Egberts Van Nelle Tobacco« stammte, dieser Geschäftszweig aber 1998 in die Hände von Imperial Tobacco gekommen war. »Tabak, du Trottel. Du kommst nicht von Sara Lee.« »Echt?«

Er schaute mir über die Schulter, als ich die Homepage von »Imperial Tobacco« ansteuerte. »He, schau mal, die machen Werbung damit, dass sie nur der viertgrößte Tabakhersteller der Welt sind! Dann bin ich sicher auch nur ein Viertel so schädlich wie die Sorten von den anderen Herstellern!« »Ja, Tabak, schon gut.« Was zu beweisen war: Tabak ist dumm. Ich steckte ihn wieder in die Brusttasche.

 Was Sie tun können

Was ist besser?

○ Rauchen
○ Nicht rauchen

Kreuzen Sie an!

Jetzt war nur noch der Rohrreiniger übrig. Ein wirklich harter Bursche in einer leuchtend orangen Flasche. Als ich mich damals mit ihm eingelassen hatte, da wusste ich schon, dass der Typ der übelste Umweltsünder unter allen war, die sich in meiner Wohnung versteckt hielten. Unbeeindruckt hatte er den bisherigen Verlauf des Prozesses verfolgt, nur ab und an vor sich hin rülpsend. Er wusste nur zu gut: Bei ihm konnte ich mich noch weniger als bei den anderen darauf herausreden, nichts von seiner Umweltschädlichkeit geahnt zu haben. Jeder weiß, dass

Rohrreiniger umweltschädlich sind. Doch als wir uns kennenlernten, war ich verzweifelt. Vorangegangen war ein Streit mit meiner Freundin. Seit Tagen schon lief das Wasser im Badezimmerwaschbecken nur stockend ab. An diesem Abend ging gar nichts mehr. Meine Freundin und ich stritten uns darüber, wer an der Verstopfung schuld sei. Ich behauptete: sie mit ihrem schulterlangen braunen Haar. Sie behauptete: ich mit meinen Bartstoppeln gemixt mit Rasierschaum. Ein unlösbarer Konflikt. Bis spät in die Nacht hatte ich fluchend sämtliche freiliegenden Rohre auseinandergeschraubt, ausgespült und wieder zusammengesetzt. Und wieder auseinandergebaut, weil ich sie beim ersten Mal offenbar falsch zusammengesetzt hatte und es aus irgendeiner verdammten Ritze immer noch tropfte. Und wieder zusammengeschraubt. Und festgestellt, dass das Wasser immer noch nicht abfließen wollte. Wieder aufgeschraubt. Hilflos mit einem aufgebogenen Kleiderbügel im Rohr in der Wand gestochert. Wieder zusammengebaut. Keine Veränderung. Aufgegeben. Am nächsten Tag habe ich dann den Rohrreiniger gekauft. Seither saß er in unserem Badezimmer hinter dem Klo und wartete auf seinen nächsten Einsatz. Jedes Mal, wenn ich ihn sah, hatte ich ein schlechtes Gewissen. Der sollte nicht hier sein. Der durfte nicht hier sein. Das weiß sogar der größte Umwelt-Depp. Hauptwirkstoff: Natriumhydroxid, auch genannt Ätznatron und, wie der Name schon sagt: ätzend. Das würde ein kurzer Prozess werden. Routinemäßig begannen wir die Befragung. Es war schon fast Abend und wir hatten noch etwas anderes vor.

»Name? Herkunft? Umweltverträglichkeit? Komm schon, damit wir dich endlich loswerden.«

Der Rohrreiniger schwieg.

»Kommen Sie schon, Angeklagter, reden Sie. Ihren Namen, bitte.« Er schwieg beharrlich.

»Du solltest vielleicht wissen …«, sagte meine Freundin. »Rede gefälligst!«, fuhr ich den Kloreiniger an. Er rülpste. »Warum redet er nicht?«, fragte ich meine Freundin.

»Das wollte ich dir gerade sagen. Der Rohrreiniger hat mit mir vor der Verhandlung eine Kronzeugenregelung vereinbart. Sein Name wird nicht genannt – im Gegenzug redet er. Am Ende des Prozesses will er an einem sicheren Ort entsorgt werden. Sonst wird er gar nichts sagen.«

»Genauso ist es. Ich rede nur, wenn ich anonym bleiben kann und Zeugenschutz bekomme. Ihr habt ja keine Ahnung, mit wem ihr euch hier anlegt.« »Und daran ist nichts zu ändern?« »Nichts.« »Was hat er angestellt? Ist das etwa der Rohrreiniger, mit dem dieser belgische Serienmörder seine Opfer aufgelöst hat?«

Der Rohrreiniger lachte nur. »Andras Pandy meinst du? Diesen irren Ex-Pastor, der mindestens seine zwei Ex-Frauen und vier seiner Kinder umgebracht und aufgelöst hat? Nein, nein, mit der Sache habe ich nichts zu tun. Das war ein Kollege von einer anderen Firma. Keine schlechte Arbeit: sechs Leichen einfach verschwinden lassen, sodass nur noch die Zähne übrig bleiben – Respekt. Aber das war ich nicht. Ich kann euch andere Geschichten erzählen.«

Und das tat er dann auch. Als ich ihm zugesichert hatte, seinen Namen nicht zu schreiben, wurde er gesprächig. Wir ließen ihn reden.

»Ich komme aus einer guten Firma. Familienunternehmen, schon in der sechsten Generation. Letztes Jahr sind meine Inhaber sogar von der US-amerikanischen Regierung ausgezeichnet worden als führendes Unternehmen. Sie geben sich große Mühe, als umweltfreundlich zu gelten. Sie haben sogar eine eigene Methode entwickelt, mit der sie die Komponenten ihrer Produkte nach Umweltverträglichkeit einstufen und nach und nach die umweltbelastenden Komponenten durch bessere ersetzen. Das ist natürlich ein Witz.« Wieder lachte der Rohrreiniger, zugleich musste er rülpsen, was sich seltsam anhörte. »Kann ich eine rauchen?«, fragte er.

»Ich glaube, man darf nicht rauchen, wenn du in der Nähe bist«, sagte meine Freundin.

»Aber ich bin doch verschlossen! Mit Kindersicherung! Egal, ich wollte es mir sowieso abgewöhnen. Wo war ich? Ach ja. Meine ach so umweltfreundlichen Hersteller. Stellt euch vor, die haben sogar einen Bio-Kollegen entwickelt, der steht im Regal gleich neben mir. Ihr würdet nicht glauben, dass der etwas mit mir zu tun hat. Und wenn ihr den kauft, wandert das Geld zu denselben Leuten, die Mittel wie mich in Umlauf bringen. Die haben sogar eine Homepage geschaltet, die heißt ›dowhatsright.com‹. Die sind echt lustig. Na ja, von meiner Wirkung habt ihr wahrscheinlich schon gehört. Was ich mache, mache ich tatsächlich richtig. Ich zerfresse, was euch in den Rohren stört: eure Haare. Zu meiner Umweltverträglichkeit macht mein Hersteller keine Angaben, da kannst du lange suchen auf meiner Packung und der Homepage. Was soll er da auch hinschreiben? Super schädlich, kauf mich nicht? Das wäre schlecht fürs Geschäft. Den Amerikanern, seinen Stammkunden, empfiehlt mein Konzern sogar, zweimal im Monat einen etwas schwächeren Kollegen von mir in den Ausguss zu kippen – zur Vorsorge! Obwohl überhaupt nichts verstopft ist! Wenn die wüssten, dass es völlig ausreichend ist, einfach ab und zu richtig heißes Wasser in den Abfluss zu schütten! Ich lach mich krank.«

»Wie? Und dieselbe Firma nennt sich umweltfreund-lich?« Ich konnte es nicht glauben.

»Klar, du kannst dir nicht vorstellen, was die für einen Aufwand betreiben. ›Um die Welt für spätere Generationen zu schützen‹, das hat schon eine ganz besondere Komik. Und das Beste wisst Ihr noch gar nicht.« »Ja?« »Ich werde vom FBI verfolgt, weil man aus mir Bomben bauen kann.«

Und der Rohrreiniger erzählte uns, dass im Jahr 2003 der damals 18-jährige Sherman Austin zu einem Jahr Haft in einem Bundesgefängnis verurteilt worden ist, weil er auf seiner Webseite eine Anleitung zum Bau von Molotow-Cocktails und einer Bombe, die nach unserem Rohrreiniger benannt ist, veröffentlicht hat. »Hey, nach mir hat man eine eigene Bombe benannt! Wer kann so etwas schon von sich behaupten? Ich bin ein Star! Bei Teenagern bin ich total beliebt als kranker Party-Spaß! Man muss nur ein wenig von mir nehmen und Wasser und ein paar Kügelchen …«

Draußen hupte ein Auto, sodass das nächste Wort nicht zu verstehen war.

»… und schütteln und dann geht's los! Könnt ihr euch ja mal im Internet anschauen, vor allem Jungs um die sechzehn fahren voll auf mich ab.« Wir sahen uns bei Google Video einige Clips an. Typischerweise hantierten drei Jungs mit einer Plastikflasche und dem Reiniger auf freiem Gelände und schüttelten und liefen weg und hielten mit wackeliger Kamera auf die Plastikflasche und PENG! Darauf sagten sie meist so etwas wie »Fucking shit!« oder »Dude!« oder »Holy Christ!« und kicherten debil. Meist lag im Hintergrund eine Menge Müll herum. Unterschichten-Internet-Fernsehen. Kannte man einen Film, kannte man alle. Dem Rohrreiniger schien es zu gefallen: »Hast du gesehen, wie ich da losgegangen bin? Wie's die Flasche zerfetzt hat? Komm, einen noch! Da gibt's noch einen, da haben sie einen ganzen Eimer mit mir gesprengt!« Auch Drum, der Drehtabak, war aus der Hemdtasche hervorgekrochen und verlangte nach mehr. Und sagte dann, nach dem fünften Film: »Wenn ihr den Rohrreiniger sowieso aus der Wohnung haben wollt, dann könnten wir ihn doch genauso gut explodieren lassen? Wäre doch voll lustig?« »Wenn du das tust!«, warnte meine Freundin. Damit war das Thema erledigt. Und der Fall auch: Der Rohrreiniger war schuldig, so viel war sicher.

 Was Sie tun können

Versuchen Sie, möglichst wenig Haare zu verlieren, damit der Abfluss erst gar nicht verstopft. Entfernen Sie alle Produkte aus Ihrem Haushalt, die zur Herstellung von Bomben geeignet sind.

Da klopfte es an der Wohnzimmertür. Unerwarteter Besuch aus dem Badezimmer: der Pümpel. Lässig hüpfte er auf seinem Saugnapf in den Zeugenstand. »Bevor der Typ seinen Abgang macht, will ich noch etwas sagen, das meiner Ansicht nach noch nicht genügend zur Sprache gekommen ist: Was Sie von dem hier verlangen«, er deutete mit seinem Holzgriff verächtlich auf den Rohrreiniger, »was der da für Sie erledigen soll, das kann ich auch. Besser, billiger, absolut umweltfreundlich.« Der Rohrreiniger rülpste ein letztes Mal, dann fiel der Fleischhammer. Urteil: Verbannung. Der Rohrreiniger schlurfte in Richtung

Ausgang, seiner sicheren Entsorgung entgegen. »Warte mal!«, rief meine Freundin ihm nach. Er blickte sich noch einmal um. »Haben wir irgendetwas im Haus, das auch noch aus deiner ehrenwerten Familienfirma kommt?«

»Na ja, habt ihr ein Mittel, das vor Insektenstichen schützen soll?« – »Ja.«

»Dann schaut euch mal die Marke[10] an. Und Edelstahlreiniger[11]? Möbelpflegemittel[12]? Raumduftsprays[13]?« Hatten wir zum Glück nicht. Der Rohrreiniger wandte sich wieder um, grußlos.

Fast war er schon zur Tür heraus, da drang in die Stille eine Stimme aus der Tiefe meiner Hemdtasche. »Tschüs, Drano! Und grüß mir Fisk Johnson, Euren schicken Chairman!«, rief Drum, der Drehtabak. Verdammt, das hätte nicht passieren dürfen. Mit einer Geschwindigkeit, die wir ihm gar nicht zugetraut hätten, drehte der Rohrreiniger sich um und sprang auf mich zu. »Du hast meine Tarnung auffliegen lassen! Ich ätz dich kaputt!« Ich machte einen Schritt rückwärts, stolperte über den Couchtisch und lag nun auf dem Sofa. Der Rohrreiniger war jetzt über mir. Neigte sich in Ausgussstellung über mein Gesicht. Und öffnete seinen Drehverschluss. Versuchte es jedenfalls, scheiterte aber an der Kindersicherung. Der Rohrreiniger fluchte. Fast hatte er den Verschluss schon offen, da drehte sich der Couchtisch plötzlich um die eigene Achse und kickte den Rohrreiniger mit dem linken Vorderbein in eine Zimmerecke. Drano fluchte wieder, doch die Gefahr war vorüber. Endlich humpelte er fort. Ich ging nachsehen, ob

10 Autan
11 Stahl-Fix
12 Pronto
13 Brise

er tatsächlich die Wohnung verlassen hatte. Man kann nie wissen.

Als ich zurückkam, feierten meine Freundin und Lack, der Couchtisch, unseren überzeugenden Sieg gegen die bösen Konzernprodukte. Lack hatte Knäckebrot aufgetischt. Er war richtig euphorisch und versprach: »Später mache ich euch noch Köttbullar! Und als Nachspeise Blåbärskaka! Nach einem alten schwedischen Rezept!« Hmm … lecker Fleischbällchen und Blaubeerkuchen. Wir knabberten das Knäckebrot und machten ein wenig Konversation.

»Sag mal, Lack, wo kommst du eigentlich her?«, fragte meine Freundin.

»Ich bin ein schwedisches Qualitätsprodukt. Das wisst ihr doch! Ich komme aus dem größten Einrichtungshaus der Welt! Von Ikea! Über 100 000 Mitarbeiter! Filialen in 34 Ländern! So oft wart ihr schon da, und du weißt das nicht?«

»Selbstverständlich weiß ich das.« Ich kannte diesen Tonfall: Meine Freundin war misstrauisch geworden. »Soweit ich weiß, bist du in Schweden entworfen worden. Aber du bist doch kein gebürtiger Schwede, oder?« »So schwedisch wie nur irgend möglich«, sagte Lack zögernd.

»Da kannst du noch so viel Blåbärskaka backen, aber«, sie blätterte im Ikeakatalog, der wie immer griffbereit lag[14], »du hast nur 15 Euro gekostet – da kannst du doch kein Schwede sein?«

»Ich hab mal gehört, früher kamt ihr aus der DDR. Jedenfalls dein Cousin Billy[15]«, sagte ich.

---

14 Kein Wunder – bei einer weltweiten Auflage von 160 Millionen Exemplaren.
15 Ein Regal und wohl das berühmteste Ikea-Möbelstück.

Lack schwieg. Er sah aus, als wisse er selbst nicht, wo er gemacht worden ist. »Alles, was mir meine Firma mit auf den Weg gegeben hat, ist, dass von allen Produkten bei Ikea 69 Prozent aus Europa kommen, 28 Prozent aus Asien und drei Prozent aus Nordamerika. Allein aus China kommen 18 Prozent. Und aus Polen zwölf.«

»Und wie viele kommen noch aus Schweden?«, fragte meine Freundin.

»Sieben Prozent«, sagte Lack.

»Sag mal, Lack«, meine Freundin war jetzt zuckersüß, »und wie viele Prozent von euch werden von Kindern hergestellt? Oder gegen schlechte Bezahlung?«

»Jetzt weiß ich, worauf du hinaus willst! Ihr wollt mir nachweisen, dass ich ein böses Konzernprodukt bin! Und dann muss ich hier weg! Aber wo soll ich denn dann hin? Ich wackle doch schon. Und hier, der Kratzer an meiner Oberfläche. Nein, keiner wird mich mehr haben wollen. Das könnt ihr mit mir nicht machen! Ich werde mich verteidigen.«

Und dann, das muss man Lack lassen, legte er los. Er zitierte aus den IWAY-Regeln, die Ikea sich und seinen Zulieferern auferlegt hatte und nach denen Kinderarbeit nicht toleriert wird. Zulieferer müssten nach den IWAY-Regeln ein gesundes und sicheres Arbeitsumfeld garantieren, den gesetzlichen Mindestlohn und auch für Überstunden bezahlen, niemanden zum Arbeiten zwingen, niemanden diskriminieren, niemanden länger arbeiten lassen, als es das Gesetz erlaubt, niemanden körperlich oder psychisch disziplinieren oder bedrohen und den Angestellten erlauben, einer Gewerkschaft beizutreten oder eine zu gründen. Lack redete in einem fort. Er zitierte Broschüren und Jahresberichte zum sozialen und umweltpolitischen

Engagement von Ikea. Draußen war es endgültig dunkel geworden. Das Kino konnten wir vergessen. Lack ratterte Zahl um Zahl[16] herunter. Dass in Asien durchschnittlich 80 Prozent des IWAY-Standards durchgesetzt seien, dass zwar erst 16 Prozent der Zulieferer dort komplett IWAY-konform seien, aber das seien doch immerhin zwei Prozent mehr als im Jahr zuvor. Dass bei Ikea 86 Prozent des Mülls sortiert würde. Dass Ikea kein Holz aus intakten natürlichen oder besonders schutzwürdigen Wäldern verwendete, dass Tropenholz nur verarbeitet würde, wenn es das FSC-Label[17] trage. Dass unabhängige Prüfer die Standards bei den Zulieferern überprüften. Und so weiter. Lack war dermaßen eifrig und ausdauernd dabei, uns von der kompletten Harmlosigkeit des Ikea-Konzerns zu überzeugen, dass ich nur noch Stichwörter dazwischenwerfen konnte – die er sofort konterte.

»Pausen für die Arbeiter?«

»Teepausen sind garantiert!«

»Schädliche Stoffe?«

»Ikea arbeitet ständig daran, gefährliche Substanzen aus den Produkten herauszuhalten. Und wird immer besser!«

»Hmmm …« Endlich fiel mir noch etwas ein. Dieser Hammer-Ober-Vorwurf hatte schon Nobelpreisträger ins Schlingern gebracht: »Ist euer Firmengründer Ingvar Kamprad nicht ein alter Nazi gewesen?«

»Jugendsünden! Alles längst gebeichtet!«

16 Der gesamte Umwelt- und Sozial-Bericht des Ikea-Konzerns ist auf der Seite www.ikea.com/ms/de_DE/about_ikea/social_environmental/brochure_message.html zu finden.
17 Forest Stewardship Council, eine von den großen Umweltverbänden ins Leben gerufene Organisation für nachhaltigen, sozial- und umweltverträglichen Holzbau.

Ich war mit meinem Latein am Ende. »O.K., ich geb's auf. du bist unschuldig.«

»Kann ich dich mal unter vier Augen sprechen?«, fragte meine Freundin. Wir ließen den Couchtisch stehen und suchten ein Zimmer in unserer Wohnung, in dem sich keine Ikea-Produkte befanden, die uns belauschen konnten. Wir fanden keines. Überall waren sie: Lampen. Betten. Stühle. Regale. Der Duschvorhang. Besteck. Geschirr. Die Klappstühle auf dem Balkon. Also gingen wir hinaus ins Treppenhaus.

»Hör mal«, sagte meine Freundin. »Ich bin mir sicher, dass Ikea nicht so sauber ist, wie uns Lack das verkaufen möchte. Ich habe neulich einen Artikel[18] in der ›Le Monde diplomatique‹ über den Konzern gelesen. Schon ziemlich zwielichtig. Zum Beispiel kann niemand genau sagen, wem Ikea eigentlich gehört. Ist ein hochkompliziertes Netzwerk von Stiftungen und Firmen, teilweise Offshore-Firmen mit Sitz in der Karibik. Und es mag schon sein, dass die einen ganz tollen Unternehmenskodex haben. Aber wer sagt dir, wie genau der tatsächlich überprüft wird? Neunzig Kriterien sollen die Prüfer abarbeiten, da bleiben ihnen für ein Kriterium gerade mal etwas mehr als zehn Minuten pro Tag. Und was heißt schon Mindestlohn in einem Land wie Indien? In dem Artikel wurde eine indische Arbeiterin zitiert, die bei einem Textilzulieferer für Ikea gerade mal etwas mehr als umgerechnet 30 Euro im Monat verdient – und das ist selbst für dortige Verhältnisse sehr wenig. Ist dir eigentlich schon mal der Gedanke

---

18 Olivier Bailly, Jean-Marc Caudron und Denis Lambert: »Ikea für die Welt« in: Le Monde diplomatique, Dezember 2006, Seite 1. Die drei haben zusammen auch ein Buch zum Thema geschrieben: »Ikéa, un modèle à démonter«, Brüssel 2006.

gekommen, dass uns Ikea mit seinem freundlichen Getue und seinem tollen Unternehmenskodex nur einlullen will?«

»Das habe ich gehört«, sagte die Energiesparlampe, die über uns im Hausflur baumelte. Auch von Ikea.

»Aber was sollen wir denn machen? Sollen wir Lack verurteilen? Und aus der Wohnung werfen? Und mit ihm alle anderen Gegenstände, die wir bei Ikea gekauft haben?«, fragte ich.

»Dann können wir uns gleich neu einrichten. Das können wir uns nicht leisten«, sagte meine Freundin. »Aber wenn wir uns neu einrichten, dann kommt das ganze Zeug weg. Ich habe sowieso die Nase voll von Stehlampen, die nach einem Monat anfangen zu wackeln und Schubladenböden, die ständig durchbrechen.«

»Was erwartet ihr denn von Produkten, die unschlagbar günstig sind?«, beschwerte sich die Energiesparlampe. Eine Antwort wartete sie nicht ab. Sie ging aus.

Wir gingen wieder in die Wohnung. »Also gut, Lack. Du kannst bleiben«, verkündete ich. »Und die anderen auch. Vorerst«, sagte meine Freundin. »Aber bildet euch nichts darauf ein. Viele von euch sind schädlich. Viele sind unter schlechten Bedingungen hergestellt worden. Leider können wir nicht auf alle verzichten. Noch nicht. Bis es so weit ist, merkt euch eins: Wir behalten euch im Auge.« Seither hat nie wieder ein Produkt mit uns gesprochen. Wahrscheinlich sind sie beleidigt.

Neid
Wollen Sie dieses Spiel aufgeben?
Meine drei ungelösten Computerprobleme

Einen kleinen Moment nur, gleich geht's los mit diesem Kapitel. Nur noch einen Moment. Ich will nur schnell dieses kleine Spiel zu Ende bringen … verdammt, der König passt nicht. Aber vielleicht, wenn ich diesen Stapel umlege? Pling!, sagt der Computer. »Das Verschieben des Stapels erfordert Platz für vier Karten. Sie haben aber nur Platz für zwei.« Na und? Noch ist nichts verloren! Wäre doch gelacht! Jetzt brauch ich nur die rote Acht! Die rote Acht, die rote Acht, die bekomme ich, wenn ich hier den schwarzen Buben rüberschiebe und dann die rote Zehn anlege, wo war jetzt gleich wieder die Neun? Die Pik Neun liegt ganz oben, da komme ich jetzt nicht ran, kann's ja mal versuchen und den König oben ablegen, auf das letzte freie Feld, oh, das war keine gute Idee, jetzt blinkt das Ding schon wieder: nur noch ein legaler Zug möglich. Aber welcher, aber welcher? Ach so, ich kann nur noch die rote Drei zwischen den beiden schwarzen Vieren hin- und herschieben, na vielen Dank. Das wird nichts mehr. Das wird im Leben nichts mehr. »Wollen Sie dieses Spiel aufgeben?«, fragt der Computer. Sehr schlau gefragt. Muss ich wohl. Bleibt ja nichts anderes übrig. Wollen Sie ein neues Spiel beginnen? O.K. Aber nur noch dieses eine. Das ist das Letzte für heute. Muss ja noch gearbeitet werden. Also gut. Spiel Nummer 24596. Hier passt ja überhaupt gar nichts. Das geht nie auf. Sämtliche Asse weit oben eingebaut. Mal sehen …

Also erst mal die schwarze Sechs an die rote Sieben. Aber dann? Ich könnte versuchen, an das Pik-As heranzukommen, aber das hat auch keinen Sinn. Allein dafür müsste ich vier Karten oben ablegen. Das wird nichts. »Wollen Sie dieses Spiel aufgeben?«, fragt der Computer. Ja, verdammt. Wollen Sie ein neues Spiel beginnen? O.K. Aber nur noch das eine. Eines will ich noch gewinnen. Moment. Erst mal schauen, was es bei Ehrensenf[19] gibt. Hmm … die neue Episode ist noch nicht im Netz. Aber die hatten doch kürzlich einen Hinweis auf eine universelle Konvertierungswebsite. Das müsste ich nochmal nachsehen. Vielleicht kann ich dort endlich das Problem lösen, wie ich wieder an meine leider falsch codierte iTunes-Musiksammlung herankomme. Aber das ist eigentlich das kleinste meiner Computerprobleme. Die drei größten sind diese: Was mache ich mit meinem alten Computer? Woher kommt mein neuer Computer? Und: Wofür brauche ich eigentlich einen Computer? Wenn ich hier von Computern rede, dann meine ich zuerst die drei Rechner, die ich in meiner Wohnung stehen habe: ein altes Apple Powerbook, einen Schreibtischrechner, den ich mir selbst zusammengeschraubt habe, und natürlich mein brandneues Fujitsu Siemens-Notebook, das ich mir erst gestern gekauft habe. Aber natürlich habe ich noch viel mehr Computer daheim: ein Motorola-Handy. Einen Philips-DVD-Player. Ein schnurloses Telefon von Siemens. Einen iPod von Apple. Und noch einige Geräte mehr, die Taschenrechner, Funkwecker oder Videorekorder heißen – und eigentlich ebenfalls allesamt Computer sind. Ah, mein kleiner Bruder ist online. Na endlich. Da kann ich gleich ein wenig angeben.

19 www.ehrensenf.de, beste deutschsprachige Internet-Fernsehshow.

Stefan Kuzmany: 08:56:43
Guten Morgen, Bruder! Wie geht's, wie steht's?

Kuzmany Florian: 09:21:39
Guten Morgen. Alles im grünen Bereich …

Stefan Kuzmany: 09:22:19
Freut mich, freut mich. Habe mir ein neues Notebook gekauft.

Kuzmany Florian: 09:23:14
Ach ja? Dein alter Rechner war wohl nicht mehr ganz auf der Höhe …

Stefan Kuzmany: 09:23:37
Kann man wohl sagen.

Unterbrechen wir kurz die Angeberei und widmen uns meinem Computerproblem Nummer eins: dem alten Computer. Weltweit waren im Jahr 2005 fast 880 Millionen PCs im Einsatz, sechzehn Prozent mehr als im Jahr davor. Der Produktzyklus, der Zeitraum, in dem neue Prozessoren, Schnittstellen und Standards entwickelt werden, wird immer kürzer. Der Computer, den ich mir eben erst gekauft habe, ist jetzt schon wieder zu alt. Ich werde schon bald das unangenehme Vergnügen haben, in einer Computerzeitschrift oder beim Einkaufen beim Discounter davon Kenntnis nehmen zu müssen, dass höherwertige, also leistungsstärkere Computer zu einem wesentlich günstigeren Preis angeboten werden. Und das ist eine schreckliche Demütigung! Ich hätte besser einkaufen können! Billiger! Mehr Zubehör zum selben Preis! Computer sind wie Autos: Penis-Ersätze für Männer. Wer hat den schnellsten, besten? Hier wird nicht gefragt, wer den größten hat – sondern den kleinsten. Und was man mit dem alles machen kann! Ein wunderbares Angeber-Thema für große Kinder. Mit meinem Bruder konkurriere ich seit über zwanzig Jahren um die beste EDV-Ausstattung. Seit er sich damals einen C128 gekauft hat, während ich noch einen C64 in meinem Zimmer stehen hatte, liege ich hinten. Und auch heute werde ich nicht aufholen: Gleich wird er mich darauf hinweisen, dass er denselben Computer, von dem ich ihm gerade erzähle, etwas günstiger hätte besorgen können. Oder, noch schlimmer: ein besseres Gerät viel günstiger. Sobald ich ihm den Namen des Modells und den Preis verraten habe, wird er im Internet suchen und nach kürzester Zeit sein Suchergebnis präsentieren. Es ist noch keine 24 Stunden her, da hatte ich das Notebook voller Stolz heimgetragen und ausgepackt, hatte die Werbebroschüren für AOL- und T-Online-Internet-Freistunden beiseite gelegt, hatte auch die Bedienungsanleitung erfolgreich ignoriert, hatte das Gerät das erste Mal gestartet und mich registriert, beim Hersteller meine Daten abgeliefert, hatte überflüssige Werbeprogramme gelöscht, hatte voller Freude eine kleine Fernbedienung zum DVD-Schauen entdeckt, die rechts im Gerät versenkt war, sie dreimal rausgezogen und wieder reingesteckt[20], mich ergötzt an dem riesigen 17-Zoll-Breit-Bildschirm und der tollen Auflösung von 1400 mal 900 Pixeln, hatte die Festplatte neu partitioniert, das Anti-Viren-Programm das gesamte System durchchecken lassen – und jetzt? Jetzt kann ich den Computer praktisch schon wieder wegschmeißen, weil er hoffnungslos aus der Mode ist und schon dem nächsten Update des Betriebssystems nicht mehr gewachsen sein wird. Na ja, so schnell geht es nicht. Ich werde ihn

---

20 Ich werde sie nie wieder brauchen.

noch eine Weile behalten. Aber was mache ich mit dem jetzt relativ noch urälteren alten Computer, der immer noch nebenan auf dem Schreibtisch steht?

Da gibt es im Prinzip zwei Möglichkeiten. Die eine ist: ihn behalten. Ich könnte versuchen, die alte 2-GB-Festplatte auszubauen und in das System meiner Freundin einzuhängen, allerdings bekommt sie dann vermutlich Probleme mit dem Dateisystem, aber dafür gibt es sicher irgendwo einen Patch, ich muss ihn nur finden! Ich werde auf Hilfe-Foren wandeln oder den Typen fragen, der sich auskennt, Sie wissen schon, Sie kennen auch so einen. Ich könnte auch den alten Rechner mit dem neuen zu einem Netzwerk zusammenschließen und weitere ungezählte Stunden mit herrlich verzwickten Computerproblemen verbringen. Und mit dem Typen, der sich auskennt. Ich könnte höchst übermütig werden und versuchen, ein drahtloses Netzwerk einzurichten, und der Typ, der sich auskennt, würde mein bester Freund. Und meine Freundin zöge aus, weil sich die Pizzaschachteln stapeln. Macht ja nichts! Wer braucht schon eine Frau, wenn er einen Computer hat! Ich werde mir ohne sie eine ganz neue Fachzeitschriften- und Freizeitlandschaft erschließen, werde schmökern in PC info, PC Praxis und PC Professionell und am Wochenende im einschlägigen Elektronik-Fachhandel herumlungern. Ich werde ein Hobby-User, ein Mitglied der geschundenen Klasse der Computerbenutzer. Ich werde zu viel über Computer wissen, um nicht selbst versuchen zu wollen, ihn so einzustellen, dass er nach meinen Vorstellungen läuft. Aber ich werde trotzdem immer zu wenig wissen. Ich werde mir jeden Monat Zeitschriften kaufen, die auf dem Cover versprechen, mein Windows noch schneller zu machen, und jedes Mal wird es nachher doch wieder langsamer laufen. Ich werde auf die harte Tour lernen müssen, dass mein drahtloser Router nicht ohne Weiteres mit der Funkkarte in meinem Rechner zusammenarbeitet und noch viel mehr von ähnlich uninteressanten Rätseln lösen dürfen. Ich werde mich wieder beraten lassen. Ich werde umtauschen, ich werde neu kaufen, ich werde fluchen und ich werde pleite sein und einsam. Unschön. Deshalb: Der alte Rechner muss raus, weg, auf den Müll.[21] Und ich muss feststellen, dass ich mir bisher zwar sehr viele (und sehr erfolglose) Gedanken darüber gemacht habe, wie mein Computer funktioniert – aber nie darüber, was alles in ihm steckt, abgesehen von Prozessorleistung und Speicher und Festplatten-Größe – nämlich Quecksilber im Bildschirm, Blei in der Platine und in der Batterie, ebenso Cadmium; bromierte Flammschutzmittel sind drin, die verhindern sollten, dass das Gehäuse bei einem Kurzschluss abfackelt, sechswertiges Chrom als Rostschutz, Beryllium in den Anschlüssen und in der Hauptplatine sowie PVC als Isolierungsmaterial für die Drähte. Dass die Weichmacher im PVC Männer zeugungsunfähig machen können, ist noch die harmloseste Folge. Diese Stoffe lösen Krebs aus, schädigen die Lunge, und wenn der Computer brennt, wehen Dioxine.

Wenn mich mein Betriebssystem irgendwann wahnsinnig und lebensmüde gemacht hat, dann zünde ich meinen Rechner an und atme ihn ein. Und wer weiß? Vielleicht werde ich ihn dann endlich verstehen, in einem Moment letzter Erkenntnis werde ich begreifen, wie ich

---

21 Und damit ist er nicht allein: Greenpeace hat ausgerechnet, dass weltweit jede Stunde 4000 Tonnen giftiger Elektroschrott weggeworfen werden.

verdammt nochmal ein kleines Heimnetzwerk einrichten kann, sodass es läuft. Ich verlange doch gar nicht viel! Nur der Drucker soll funktionieren! Aber es hilft nichts. Man kann seinen Computer nicht rauchen. Seltsamerweise gibt es aber in Indien und China Leute, die machen das trotzdem den ganzen Tag lang – nennen wir sie die extrem primitiven Hardcore-Recycler (kurz: die Ephers). Vielleicht würde sich unter diesem Namen endlich alle Welt für sie interessieren: Hey, hast du schon das neue Video von diesem voll abgefahreren Typen gesehen, der eine ganze verdammte Hauptplatine raucht? Voll der Epher! Ich schick's dir rüber! Und dazu noch den Link zu dieser *barely legal MILF*[22]! Was für eine Geschäftsidee! Ich liefere der Welt jede Woche garantiert neue Filme von hustenden, dünnen Gestalten, die im Schlamm sitzen und Platinen über dem offenen Feuer rösten, gedreht an immer neuen, exotischen Locations. Cool. Für nur 5 Dollar im Monat!

Aber die bezahlt selbstverständlich niemand. Das verkauft sich nicht gut. Und so verdienen diese Leute am Tag weniger, als man bei uns für eine Schachtel Zigaretten ausgibt, indem sie unter primitivsten Verhältnissen noch das letzte Gramm brauchbares Metall aus dem Elektroschrott herausschlagen und dabei ihre Gesundheit zugrunde richten. Und das sind noch lange nicht die ärmsten. Die ärmsten sind, wie immer, die Menschen in Afrika. Dort wird nicht erst lange recycelt, dort wird gleich gestorben. Derselbe Tsunami, der Weihnachten 2004 228 000 Menschen das Leben gekostet hat, beschädigte auch Behälter mit hochgiftigen Substanzen an der Küste Somalias. Das Gift wurde an die Küste gespült. Somalia (das Land, in

---

22 *Mother Inhaling Lethal Fume.*

dem der Film *Black Hawk Down* spielt) hat, rein entsorgungsmäßig, zwei große Vorteile: Es liegt am Meer. Und es wird praktisch von niemandem regiert, jedenfalls von niemandem, der sich im Geringsten für Umweltschutz interessieren würde, selbst wenn er wüsste, was das überhaupt ist. Also kann man problemlos mit dem Schiff nach Somalia fahren und alles, was man so dabei hat und loswerden will, ins Meer kippen. Schon Ende der 80er Jahre haben europäische Unternehmen hier Müll mit Uran, Blei, Quecksilber und andere Industrieabfälle ins Meer befördert. Und in Abidjan, der größten Stadt der Elfenbeinküste (dem Land mit der tollen Fußballnationalmannschaft), tauchte im August 2006 ein griechisches Schiff auf, gechartert von einem niederländischen Unternehmen und unter der Flagge Panamas, das giftigen Schlamm geladen hatte. Das Zeug wurde an Land gebracht. Es war so giftig, dass Hühner und andere Kleintiere sofort tot umfielen, als sie seine Ausdünstungen einatmeten. Den Einwohnern von Abidjan wurde erst mal schlecht. Zehntausende ließen sich ärztlich behandeln, zehn sind gestorben. Es gibt viel zu viele Beispiele für diese Schweinereien. Ersparen wir uns weitere.

 Was Sie tun können

Nehmen Sie ein einfaches Kabel und ein Feuerzeug. Zünden Sie den Plastikmantel des Kabels mit dem Feuerzeug an. Halten Sie sich das brennende Kabel unter die Nase. Atmen Sie tief ein. Aahh, das ist Afrika-Feeling vom Feinsten! Und Indien! Und China! Das ist … eine ganze Weltreise!

Mit Müll lässt sich leider eine Menge Geld verdienen, weil es viel einfacher und billiger ist, den Abfall in Ländern mit wenig Sinn für Umweltschutz einfach in die Gegend zu blasen, als ihn möglichst umweltschonend auseinanderzunehmen, wiederzuverwerten und das, was nicht mehr zu gebrauchen ist, sicher zu lagern. Der Schlamm in Abidjan stammte zwar nicht aus meinem alten Computer[23], aber trotzdem: Mein Rechner soll nicht geraucht werden, von niemandem, basta.

Also bringe ich ihn zum Wertstoffhof. Denn wir leben ja in der Europäischen Union! Und hier gilt seit 2002 die Elektroschrottrichtlinie, die in Deutschland im März 2005 zum Elektroschrottgesetz[24] wurde, und darin steht, dass die Hersteller den Elektroschrott zurücknehmen müssen bzw. er wird in Elektroschrottaufbereitungsanlagen zu wiederaufbereitetem Elektroschrott aufbereitet, die enthaltenen Rohstoffe werden, so weit es möglich ist, recycelt. Und das Gift wird nicht in die Landschaft gekippt. Das alles besorgen Leute, die wie die Ephers zu Unrecht immer noch keine YouTube-Helden sind: die voll professionellen coolen Zerleger, die Procooz. Immerhin: Die Berliner Stadtreinigung hat ein geiles Procooz-Video im Angebot, das sollten sich die Jungs von der Hauptschule gegenüber mal aufs Handy ziehen. Da wird echt korrekt zerlegt!

Also leihe ich mir ein Auto und fahre meinen alten

---

23 Tatsächlich meldete später die niederländische Zeitung *De Volkskrant*, dass es sich um Abfall handelte, der bei der Veredelung von Rohöl auf hoher See entstanden war. Das Schiff hatte 70 000 Tonnen Öl geladen, davon 28 000 aus den USA. Der Ölpreis hatte gerade mal wieder einen Höchststand erreicht. Gewinn für den niederländischen Konzern Trafigura: 5,5 Millionen Euro. Mittlerweile ist der Schlamm nach Frankreich transportiert worden, wo er, nun ja, fachgerecht entsorgt werden soll.
24 Eigentlich: Elektro- und Elektronikgerätegesetz.

Rechner zum Wertstoffhof, und mit ihm noch die alte Waschmaschine und die drei Handys, die schon ewig nicht mehr funktionieren. Denn wenn ich meinen Müll hier abgebe, dann kann ich sicher sein: Der wird in Wertarbeit zerkleinert und gemäß jeder nur denkbaren Richtlinie behandelt, jedenfalls nicht nach Afrika oder Asien verschifft. Aber schon auf dem Weg dorthin fallen mir diese seltsamen Typen auf, die alle Schilder hochhalten: SUCHE ALTE WASCHMASCHINE. Es sind mindestens fünf, sie haben an der Straße richtiggehende Stände aufgebaut. Nennen wir sie die Fliegenden Schrottsammler, kurz Flischs. Flischs erkennt man an ihrer abgewetzten Lederjacke und ihren Schnauzbärten. Die Flischs wollen nicht, dass ich die Maschine auf den Wertstoffhof bringe, ich soll sie lieber ihnen überlassen. Mir sind die Flischs nicht geheuer. Ich fahre vorbei. Und auf dem Wertstoffhof wuchten meine Freundin und ich und der freundliche Procooz vom Wertstoffhof die Waschmaschine vom Auto, und wir bringen den alten Rechner und die Handys zum vorgesehenen Container. Und kaum gehen wir wieder zum Auto, sehen wir einen Flisch, der fix unseren Elektronikmüll einsammelt und davonträgt. Ich kann nur hoffen, dass er den Computer ordnungsgemäß wiederverwertet und die Handys repariert, auf dass sie noch lange laufen und erst in ferner Zukunft auf dem Müll landen. Aber irgendwie habe ich da meine Zweifel. Ist Computerproblem Nummer 1 nun wirklich gelöst? Immerhin habe ich es versucht.

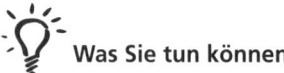 **Was Sie tun können**

Bewachen Sie Ihren Computer auf dem Wertstoffhof. Scheuen Sie sich nicht, finstere Geschäftemacher und Müllpiraten zu verscheuchen! Gehen Sie erst nach Hause, wenn Sie sicher sein können, dass Ihre Altgeräte ordnungsgemäß entsorgt wurden.

Mein Bruder ist wieder online. Er hat da noch eine Frage.

> Kuzmany Florian: 09:24:34
> PC oder Apple?

> Stefan Kuzmany: 09:24:43
> Ist ein Siemens Fujitso Amilo.

> Kuzmany Florian: 09:26:06
> Hoffentlich hat man dir da keine billige Kopie verkauft. Die Firma heißt normalerweise Fujitsu.

Da hat er mich wieder mal erwischt. Und wir sind beim Computerproblem Nummer 2 angelangt: Woher kommt der neue Rechner? Früher wäre die Antwort auf die Frage, woher mein neuer Rechner kommen soll, für mich sehr einfach gewesen: Der Neue kommt von Apple. Apple baut die schönsten und angenehmsten und besten und schönsten und schönsten und schönsten Computer der Welt! Habe ich schon erwähnt, wie gut die Dinger aussehen? Wie einfach sie sich bedienen lassen? Was für ein Design! Als ich mir damals das brandneue G4 Titanium Notebook gekauft habe, war die Menschheit um mich herum restlos begeistert. Kollegen, Freunde, alle beneideten mich. Einmal, im Café unter der taz, kam sogar ein italienischer

Tourist an meinen Tisch. Er wollte das wunderschöne Gerät aus der Nähe betrachten. Klar durfte er. Sogar mein kleiner Bruder war beeindruckt.

Heute würde ich mir trotzdem keinen Apple mehr kaufen. Ich könnte Ihnen jetzt erzählen, dass ich mich irgendwann gefragt habe, warum auf den Apple-Produkten oft groß »Designed in California« steht und nur ganz klein »Made in China«. Ich könnte behaupten, dass mich die Berichte aus der iPod-Fabrik in China beunruhigt haben, die im August 2006 ans Licht gekommen sind. Da war von zusammengepferchten Arbeitern (und Arbeiterinnen)[25] die Rede, die für 500 Renminbi[25] im Monat zwölf Stunden am Tag arbeiten müssen. Im Internet kann man Berichte von Angestellten und ehemaligen Angestellten des iPod-Herstellers Foxconn[26] lesen, die in der 220 000-Menschen-Fabrikstadt im chinesischen Shenzen ihr Brot verdient haben. Einer berichtet davon, dass der Bruder des Foxconn-Chefs Terry Guon im Mai 2006 an Leukämie erkrankt sei. Guon, einer der reichsten Männer Taiwans mit einem geschätzten Privatvermögen von etwa zwei Milliarden Euro, befahl daraufhin sämtlichen Angestellten, sich als potentielle Knochenmarksspender testen zu lassen. Der Angestellte erzählt außerdem, wie man ihm und seinen Kollegen verboten hat, mp3-Player, Handys oder andere Geräte mitzubringen, die dafür geeignet wären, das Leben in der Fabrikstadt zu dokumentieren. Als der Mindestlohn in Shenzen um zwanzig Prozent angehoben wurde, sei Foxconn dazu übergegangen, seinen

25 Können Sie sich für die nächste Quizshow merken: So heißt die chinesische Währung. Zur Zeit ist 1 Renminbi etwa 10 Eurocent wert.
26 Eine Tochter der Hon Hai Precision Industry Co. mit Sitz in Taiwan und Filialen in den USA, Irland, Schottland, Japan und China.

Angestellten Unterkunft und Verpflegung in Rechnung zu stellen – vorher hätten sie gratis essen und wohnen können. Ich könnte Ihnen erzählen, dass mich das alles sehr beunruhigt hat, weil ich doch Apple immer für eine Firma gehalten habe, die einen hohen ethischen Standard durchsetzt. Steve Jobs, der Apple-Chef, ist doch ein sympathischer Mensch und kein Menschenschinder! Ich könnte behaupten, dass ich schwer empört war, als ich lesen musste, dass Foxconn zwei Journalisten der Zeitung *China Daily*, die über die Arbeitsbedingungen in Shenzen geschrieben haben, wegen Verleumdung auf drei Millionen Euro Schadensersatz verklagt hat (irgendwie kommt mir diese Geschichte bekannt vor), eine Summe, für die ein normaler Reporter sechshundert Jahre lang arbeiten muss, wie *China Daily* schrieb. Ich könnte sagen, dass es mich beruhigt hat, als Foxconn die Schadensersatzforderung plötzlich fallengelassen hat und dass Apple ein eigenes Team nach China geschickt hat, um die Vorwürfe zu überprüfen. Dass es mich beruhigt hat, zu erfahren, dass entgegen anders lautenden Gerüchten keine Anzeichen für Kinderarbeit gefunden wurden. Die Hauptbeschwerde der Arbeiter war, dass sie nicht noch mehr Überstunden absolvieren durften, obwohl sie doch sowieso schon, selbst nach chinesischen Regeln, viel zu viele ableisteten. Ich könnte schreiben, dass es mich mit Apple wieder versöhnt hat, als die Firma meldete, ein durchschaubareres Bezahlungssystem bei Foxconn verlangt zu haben und die Einhaltung der Arbeitszeithöchstgrenze von sechzig Stunden pro Woche durchsetzte und versprach, noch im selben Jahr dafür zu sorgen, dass alle Fabriken, die weltweit für Apple produzieren, den strengen Verhaltenskodex einhalten, den Apple ihnen auferlegt hat. Und dass es doch ein gutes Zeichen dafür ist, dass bei Foxconn alles in bester Ordnung ist, weil Apple von dieser Firma doch zwölf Millionen iPhones bauen lassen will.[27] Könnte ich alles behaupten. Klänge super informiert und aufgeklärt konsumierend. Die Wahrheit ist aber leider, dass es nicht stimmt. Nie im Leben hätten mich der despotische Chef, die schlechte Bezahlung und die Überstunden davon abgehalten, mir ein iPod oder einen neuen Mac zu kaufen. Die Wahrheit ist, dass ich mir schlicht keinen mehr leisten kann. Die Dinger sind einfach zu teuer. Ich will dieses Jahr schließlich nochmal in Urlaub fahren.

 **Was Sie tun können**

Schrauben Sie Ihren Computer auseinander. Untersuchen Sie jedes Bauteil auf seine Herkunftsbezeichnung. Entfernen Sie alle Bauteile, die in Ländern mit unmenschlichen Arbeitsbedingungen und für Hungerlöhne hergestellt worden sind. Falls noch verwendbare Bauteile übrig bleiben sollten, schrauben Sie Ihren Computer wieder zusammen und starten Sie ihn. Auf dem Monitor erscheint ein Passwort, bei dessen Nennung Sie nach Ihrem Tod sofort ins Paradies eingelassen werden.

Woher kommt also der neue Computer? Aus Fernost, das ist die eine Antwort. Aber keiner holt ihn sich in Asien ab. Woher kommt mein neuer Computer? Die naheliegendere Antwort kennt jeder, der genügend Werbung gesehen hat

---

27 So meldete es das Branchenmagazin »Apple Insider« im November 2006.

und »nicht blöd« ist. Und weil ich ebenfalls nicht blöd bin, habe ich mir mein neues Notebook in einem Elektronik-Großmarkt bei einem Oliver-Pocher-Klon gekauft. Sonderangebot! Nur 1300 Euro, ein echtes Schnäppchen! Eigentlich ein Ausstellungsstück, aber zufälligerweise doch noch originalverpackt zu haben. Da kann mein Bruder lange suchen, den findet er nie im Leben billiger! Ah, da ist er wieder.

> Kuzmany Florian: 09:28:41
> Einen Fujitsu Siemens hast du? Wusstest du,
> dass die weniger als drei Gramm Blei pro
> Hauptplatine verbauen?

Langsam beeindruckt er mich. Dass er sich mit Umweltfragen auseinandersetzt, wusste ich noch gar nicht. Vielleicht ist das die Lösung unserer ewigen EDV-Konflikte: Wir versuchen nicht mehr, uns gegenseitig mit Prozessorleistung und Brennergeschwindigkeiten zu übertrumpfen, sondern starten einen neuen Wettbewerb: Wessen Rechner ist fairer hergestellt? Und wer hat den umweltverträglicheren? Die Verkäufer würden nicht mehr mit »saubilligen« und den »geilsten Angeboten« um uns werben, sondern mit Umweltstandards und Fair-Trade-Garantien.

Die großen Hersteller bemühen sich mittlerweile tatsächlich. Sie haben gemeinsam den EICC[28] aufgestellt, den Verhaltenskodex der Elektronikindustrie, in dem sie sich dazu verpflichten, die Gesetze an ihren Produktionsstandorten einzuhalten, ihre Angestellten menschenwürdig zu behandeln, angemessen zu bezahlen, nicht zwangsweise und nicht mit übertriebenen Überstunden arbeiten zu

---

28 Electronic Industry Code of Conduct, www.eicc.info

lassen, keine Kinder zu beschäftigen und die Umwelt zu schonen. Aber ob die teilnehmenden Konzerne die dort aufgestellten Regeln auch beachten? Auf der EICC-Teilnehmerliste steht neben all den großen Namen von Apple bis Xerox auch Foxconn, der berüchtigte iPod-Lieferant, und was das für die Glaubwürdigkeit des EICC bedeutet, mag sich jeder selbst ausrechnen. Vertrauenswürdiger erscheint mir da schon die Hitliste von Greenpeace International[29], auf der die Umweltfreundlichkeit der größten Elektronikhersteller bewertet wird. Da kann ich zum Beispiel lesen, dass ich mir lieber ein Nokia- statt eines Motorola-Handys zugelegt hätte, weil Nokia (Platz 1 mit 7,3 von zehn möglichen Punkten) weiter bei der Vermeidung von gefährlichen Substanzen und beim Recycling ist als Motorola (Platz 3). Zu spät. Und da steht auch, dass ich besser mal einen Dell-PC (sieben von zehn Punkten) gekauft hätte, als einen von Fujitsu Siemens, dem deutschen Marktführer (Platz drei mit sechs von zehn Punkten). Dell, schreibt Greenpeace, macht eigentlich fast alles ganz richtig – bis auf die Verwendung von PVC und bromierten Flammschutzmitteln. Apple befindet sich übrigens abgeschlagen auf dem letzten Platz – obwohl Hauptumweltschützer Al Gore hier im Aufsichtsrat sitzt.

Fujitsu Siemens hätte immerhin einen sogenannten Green PC im Angebot, ganz ohne schädliche Chemikalien drin. Dennoch ist so ein Name immer Augenwischerei. Die komplexe Herstellung eines Computers macht es selbst beim besten Willen völlig unmöglich, einen wirklich grünen PC zu bauen. Wenn die Elektronikindustrie

29 Dieses Ranking ändert sich häufig. Die akuellste Liste finden Sie auf www.greenpeace.org

ernsthaft etwas für die Umwelt tun wollte, dann müsste sie sich abschaffen. Aber guter Wille ist bei uns, den Verbrauchern, nicht gefragt. Für uns ist es ein »guter« PC, wenn er schnell ist und möglichst günstig – und nicht, wenn er besonders umweltfreundlich ist. Beim Elektronikgroßmarkt habe ich keinen grünen PC gesehen. Und auch keinen Kunden, der danach gefragt hätte. Abgesehen von Umwelt-Experten interessiert sich kein Mensch für die Chemikalien, die im Rechner stecken. Und auch nicht für die Menge an Blei, die irgendeine Firma verbaut. Das Computerproblem Nummer zwei bleibt ebenso ungelöst wie das erste. Und weil wir nicht in einer besseren Welt leben, sondern in dieser, hat mein Bruder mir auch nichts über Blei geschrieben. Sondern das:

Kuzmany Florian: 09:28:41
Ich schau ihn mir gerade im Netz an … Du hast sogar einen Subwoofer drin. Nobel. Schaut schon geil aus.

Stefan Kuzmany: 09:30:07
1 Gigabyte RAM, 1,87 Ghz, 2 × 100 GB Festplatte, sehr großer Bildschirm. DVD-Brenner auch drin. Was man halt so braucht :)

Kuzmany Florian: 09:35:06
Wir könnten schaun, ob wir am WE mal was gegeneinander über Netz spielen.

Stefan Kuzmany: 09:37:39
Gerne.

Kuzmany Florian: 09:40:24
Ich muss jetzt wieder ein bisschen arbeiten. Meld mich dann. Liebe Grüße …

Womit wir schon mitten in meinem Computerproblem Nummer drei stecken: Was mache ich eigentlich den ganzen Tag mit dem Rechner? Wozu brauche und gebrauche ich den? Mein Bruder ist ein sehr fleißiger Mensch, und wenn er mir schreibt, dass er jetzt arbeiten muss, dann kann ich ihm glauben, dass er das auch tatsächlich tun wird. Und ich? Muss zwar auch arbeiten. Sogar dringend. Aber erst mal spiele ich noch eine Runde Freecell. Und noch eine. Und noch eine. Und eine letzte. Und eine allerletzte.

Gordon Moore, einer der Gründer des Chipherstellers Intel, hat 1965 in einem Artikel für die Fachzeitschrift *Electronics* eine Faustregel aufgestellt, die seither unter dem Namen »Mooresches Gesetz« bekannt ist. Nach diesem Gesetz verdoppelt sich die Dichte der Transistoren auf einer integrierten Schaltung, also einem Mikrochip, alle 24 Monate. Raymond Kurzweil, ein Visionär der künstlichen Intelligenz, hat aus dem Mooreschen Gesetz abgeleitet, dass die Rechenleistung der Computer, die für 1000 Dollar im Laden zu kaufen sind, doppelt exponenziell ansteigt – die allgemein verfügbaren Rechner werden also immer schneller immer leistungsfähiger. Zur Zeit verdoppelt sich ihre Leistung etwa jedes Jahr. Ein weniger bekanntes Gesetz besagt, dass sich die Produktivität des Benutzers mit jeder Verdopplung der Rechenleistung seines PCs halbiert. Es ist mein ganz persönliches Gesetz und beruht auf langjähriger Erfahrung.

Mein erster eigener Computer war ein Commodore 64. Das Erste, was ich mit ihm gemacht habe, war die Programmierung eines kleinen Vokabeltrainers für meinen Englischwortschatz – ich musste schließlich meine Eltern davon überzeugen, dass es richtig war, mir einen Computer zu kaufen. Und tatsächlich benutzte ich den C64 dafür, Vokabeln zu pauken. Man konnte an dem Gerät nicht schnell in ein anderes Fenster klicken – es gab noch keine Fenster. Um ein neues Programm zu laden, musste ich es minutenlang mit einem kleinen Kassettenrekorder, der Datasette, einspielen. Das überlegte ich mir dann schon zweimal. Und lernte lieber noch einige Vokabeln. Nie wieder war ich so produktiv wie in diesen ersten Stunden mit meinem C64. Spätestens mit der Anschaffung eines Diskettenlaufwerks ging es rapide bergab mit der Produktivität. Jetzt wurde nur noch gespielt. Mein zweiter Computer war ein Commodore Amiga, der konnte schon bedrohlich viel mehr als der C64. Konnte viel mehr Farben darstellen und viel mehr Bildpunkte. Nichts, was ich für ein Textverarbeitungs- oder Vokabeltrainerprogramm wirklich gebraucht hätte. Aber da war er nun mal mit seinen Möglichkeiten: Man konnte damit noch besser spielen, konnte malen, konnte Trickfilme herstellen. Später kam das Internet dazu. Meine Rechner wurden immer besser, will sagen: Was ich damit anstellte, wurde immer sinnloser. Ich fing an, Videofilme zu digitalisieren und neu zu schneiden, zu archivieren und nie wieder anzusehen. Ich bearbeitete stundenlang Fotos, die ich früher einfach in eine Schublade gesteckt hätte. Ich wurde kriminell und kopierte mir Filme, die ich mir nie ansehen wollte, und Musik, die mir nicht gefiel. Und weil all diese Anwendungen nie so funktionierten, wie ich wollte, wurde die Sache vollends absurd: Ich verschwendete Zeit damit, Funktionen auf meinem Computer richtig einzustellen, damit Anwendungen funktionierten, die keinen Sinn hatten, selbst wenn sie funktionierten. Es hört nicht auf. Es wird immer schlimmer. Von meinen aktuellen Problemen mit einem drahtlosen Heimnetzwerk habe ich schon erzählt. Wissen Sie was? Ich brauche eigentlich überhaupt kein drahtloses Heimnetzwerk. Und trotzdem beschäftige ich mich stundenlang damit. Immerhin habe ich jetzt eine einigermaßen sinnvolle Möglichkeit gefunden, meinen Computer arbeiten zu lassen, wenn ich selbst mal wieder nicht arbeite: Ich habe mir ein Programm installiert, das ihn an einem weltweiten Klimamodell[30] mitrechnen lässt. Wenn ich schon nichts Sinnvolles mit meinem PC anstelle, dann soll er sich wenigstens nutzbringend selbst beschäftigen. Aber haben Sie eine Ahnung, wie viel Zeit man damit verbringen kann, das Klimamodellprogramm richtig einzustellen und seine Ergebnisse abzurufen und nachzusehen, wie viel mein Rechner im Vergleich zu anderen Rechnern schon für den Klimaschutz getan hat? Eine Menge Zeit.

 **Was Sie tun können**

Entfernen Sie von Ihrem Rechner jegliche Software, die Sie dazu bringt, mehr Zeit davor zu verbringen, als Sie für berufliche Zwecke müssen. Dies gilt insbesondere für Spiele sowie Foto- und Videobearbeitungsprogramme. Schaffen Sie sich um Himmels willen keinen Internet-Anschluss an – und wenn Sie schon einen haben, kündigen Sie ihn. Lesen Sie ein Buch! Gehen Sie spazieren! Umarmen Sie Ihren Partner! Leben Sie!

Und dann sehe ich auf die Uhr und stelle fest, dass ich heute sowieso keine Arbeit mehr schaffen werde, weil ich

30 www.climateprediction.net

gleich los muss. Wir sind nämlich noch verabredet mit einer Freundin meiner Freundin und deren Mann, Anton. Anton ist Manager bei Microsoft. Vielleicht kann er mir ja helfen bei der Lösung meines dritten Computerproblems. Also stelle ich ihm nach dem zweiten Bier eine Frage, die mich schon lange bewegt: »Anton, habt ihr bei Microsoft eigentlich schon einmal ausgerechnet, welchen volkswirtschaftlichen Schaden ein Spiel wie Freecell anrichtet? Oder Minesweeper? Wie viele Stunden die Menschen damit sinnlos verschwenden und dabei verblöden?« Ich bemühe mich, die Sache möglichst abstrakt zu formulieren, damit er nicht merkt, dass ich der verblödete Trottel bin, von dem hier die Rede ist. Aber zumindest Anton ist nicht verblödet. Er grinst mich an und erzählt davon, dass es selbstverständlich möglich sei, bei der Installation von Windows auf die Spiele zu verzichten und dass das in vielen Firmen so gemacht werde. »Ja«, sage ich, »aber verstehst du nicht, worauf ich hinaus will: Ihr bietet dem Menschen so viele Möglichkeiten an, dass er sich sehr leicht verzetteln kann. Ihr weckt Bedürfnisse, die die Menschen vorher nie hatten.« »Tja«, sagt Anton, »das ist eben das Wesen des Menschen: Er will immer mehr. Und das Wesen des Kapitalismus ist es, ihn in diesem Wollen zu unterstützen und ihm dieses Mehr anzubieten.« Darauf bestellen wir uns noch ein Bier und diskutieren über das Wesen des Kapitalismus, aber nur eine halbe Stunde lang und ohne Ergebnis, und ich habe schon Angst, dass auch mein drittes Computerproblem auf ewig ungelöst bleiben wird. Aber dann sagt Anton: »Weißt du, wenn ich am Montag ins Büro komme, dann sitzen da fünf Kollegen, die ihr Wochenende damit verbracht haben, die Musiksammlung auf ihrem PC mit ihrer X-Box abzugleichen und jetzt vor dem Problem stehen, wie sie die ganze Musik auch noch auf die Stereoanlage ihres BMW bekommen können. Die reden sogar beim Mittagessen darüber. Und ich sitze daneben und denke mir: Da stimmt doch etwas nicht. Es gibt doch noch etwas Wichtigeres im Leben.« Und weil Anton das gesagt hat, schöpfe ich wieder Hoffnung: Wenn schon ein Microsoft-Manager über mein drittes Computerproblem nachdenkt, dann wird die Lösung sicher nicht mehr lange auf sich warten lassen. Mal sehen, ob sie dann auch funktioniert, diese Lösung.

Wollust
Affen, Sex & Kinderarbeit.
Wo die geilen Klamotten herkommen

»Mach mir eine Hose, Weib.«

»Du spinnst wohl«, sagt meine Freundin. Sie schaut kaum von der Nähmaschine auf. Scharf sieht sie aus, wie sie da über die Maschine gebeugt sitzt. Sie macht sich gerade einen Rock. Warum macht sie mir keine Hose? Ich brauche eine. »Geh dir doch neue Sachen kaufen«, sagt sie. Schade, ich dachte schon, ich hätte die Antwort gefunden auf meine Frage: Wo bekomme ich gute Klamotten her? Also nicht nur gut aussehende, sondern moralisch einwandfreie, das sollte schon sein. Aus ökologisch angebauter Baumwolle, zusammengenäht von gut bezahlten Näherinnen. Das Einfachste wäre doch gewesen: Meine Freundin macht sie. Sie kann das. Aber sie will nicht.

Es ist schon sehr schade, dass ich nicht ihr Chef bin. Wenn ich ihr Chef wäre, dann müsste sie alles machen, wie ich es will. Jedenfalls, wenn sie aufsteigen will in meinem Unternehmen. Und klar würde sie aufsteigen wollen in meinem Unternehmen. Es wäre das hippste Unternehmen der Welt, so hip, dass es hip zu nennen schon wieder out wäre. Ich würde mir einen Siebzigerjahre-Pornobart wachsen lassen. Ich wäre unglaublich cool. Der Chef meines eigenen Textilunternehmens. Du spinnst wohl, das würde meine Freundin nicht sagen, denn sie wäre ja meine Angestellte, und die sagen so etwas nicht. Sie sieht zwar super aus, aber sie wäre selbstverständlich nicht meine einzige

Angestellte. Ich würde mich nicht auf sie beschränken. Ich könnte es mit jeder treiben, die für mich arbeitet und die mitmacht – weil sie mich scharf findet. Oder meine Macht. Oder mein Geld. Oder meinen Schwanz. Wenn ich Chef wäre, dann würde ich sowieso nur die geilsten Frauen einstellen, die ich finden kann. Wenn die sich bei mir bewerben, dann müssten sie nicht ein oder zwei, sondern drei Bewerbungsfotos schicken. Eine Ganzkörperaufnahme wäre unbedingt erforderlich. Danach kann ich sie beurteilen. Von diesen Geräten würde ich mir dann die heißesten herauspicken. Oder wenn ich eine auf einer Party treffe, die mir gefällt – dann stelle ich die ein, sofort. Und dann arbeitet sie für mich. Und ich bin der Chef. Wir stellen Unterwäsche her. Für unsere Werbekampagne posieren wir selbst. Ich würde die Weiber Posen aus alten Pornomagazinen nachstellen lassen, aber mit unserer Wäsche bekleidet. Manche würde ich selbst fotografieren. Ich würde auch mich selbst fotografieren lassen, wie ich mit einem dieser superscharfen Teen-Modelle im Bett liege und jeder soll denken, ich hätte sie gerade gefickt. Vielleicht habe ich sie gerade gefickt. Alle müssten sowieso ständig geil fickbereit aussehen in meiner Werbekampagne. Sex ist schon was Geiles und verkauft sich auch noch gut. Man müsste es nur weiter treiben als jeder andere. In den Filialen meines Unternehmens würde ich Pornomagazine auslegen. Wenn eine Journalistin zu mir käme, um den geilen Chef des geilsten Labels der Welt zu interviewen, dann würde ich, wenn's mich überkommt, meinen Schwanz rausholen und mir einen runterholen, während sie mir zusieht. Hey, würde ich zu ihr sagen, Masturbation vor Frauen wird unterschätzt. Ist doch viel leichter für die Frau. Sie kann zusehen, es ist eine sinnliche Erfahrung, bei der der Mann der Frau keine Gewalt antut – wenn er seine Erleichterung hat, ist es vorbei und man kann wieder reden mit dem Kerl. Und die Journalistin würde es mir nicht übel nehmen.

Leider würden mich irgendwann einige der Schlampen, denen ich mal einen Job gegeben habe, verklagen – nur weil ich gerne in Unterwäsche herumlaufe. Dabei muss das doch so sein als Chef des geilsten und coolsten Unterwäscheherstellers der Welt. Na gut, ich hätte vielleicht doch keine Vibratoren an Mitarbeiterinnen verteilen sollen.

Meine Freundin sitzt immer noch da, die Nähmaschine surrt, und ich sehe zu ihr hinüber und bin sehr froh, dass ich doch kein solcher Typ bin wie Dov Charney, der Chef und Gründer von »American Apparel«. Der hat, ob Sie es glauben oder nicht, all das getan, was ich oben in meiner kleinen sexuellen Allmachtsphantasie geschildert habe.[31] Andererseits schade, wäre nicht schlecht, der Typ zu sein: Ich hätte nicht nur ständig Gespielinnen zur Verfügung, sondern auch gerade meine Firma für 290 Millionen Euro verkauft[32] und würde jetzt bei Google Earth den Globus drehen und mir eine hübsche Insel aussuchen, die ich demnächst kaufe[33].

31 Siehe »New York Times« vom 10. Juli 2005 sowie den ausführlichen Artikel zu »American Apparel« unter www.knowmore.org. Die Journalistin, die das Vergnügen hatte, Charney bei der Selbstbefriedigung beobachten zu dürfen, heißt Claudine Ko. Ihr Bericht erschien im Juli 2004 in dem US-Magazin »Jane« und, das sei fairerweise bemerkt, sie ist Charney keineswegs böse.
32 Siehe »New York Times« vom 18. Dezember 2006.
33 Die unbewohnte Insel »Thatch Cay« in der Karibik zum Beispiel sieht ganz gut aus und kostet nur 18,3 Millionen Euro. Da wäre noch genügend Geld übrig, um sich ein schönes Häuschen draufzustellen. Interessiert? Ansehen: 18°21'42"N, 64°51'30"W. Kaufen: info@thatchcay.com

Leider bin ich aber nicht Dov Charney und werde mir keine Insel kaufen. Ich werde mir eine Hose kaufen. Ein Hemd und ein T-Shirt. Und neue Unterhosen. Keine bösen Sachen, sondern gute. Und ich habe noch immer keine Ahnung, wo. Dabei sah »American Apparel« anfangs durchaus nach einem guten Tipp aus. Die Sachen dort sind garantiert »sweat-shop free« – das heißt, sie werden nicht in asiatischen Textilfabriken hergestellt, wo die Arbeiterinnen und Arbeiter für Hungerlöhne, ohne Gewerkschaft und Arbeitsschutz viele Stunden arbeiten müssen und trotzdem ihr ganzes Leben lang arm bleiben.

Das ist ein wesentlicher Aspekt des großen Erfolges von American Apparel. Nicht nur, weil die Kombination aus Sex und relativ hohen Löhnen[34] für die Textilarbeiterinnen den Verkauf bei der jungen, reichen und politisch denkenden Zielgruppe befördert. Wesentlicher ist vielleicht noch die Tatsache, dass »American Apparel« überhaupt nicht im Ausland fertigen lässt, sondern alles in der eigenen Fabrik in Los Angeles herstellt. Alles geschieht hier unter einem Dach, vom Design über die Herstellung bis zum Entwurf der Werbekampagnen. Die Models sind zum größten Teil Angestellte, und auch der Chef lässt sich gerne in seiner Wäsche sehen. Wegen der kurzen Wege und Produktionszeiten kann American Apparel sehr schnell auf Trends

---

34 Der gesetzliche Mindestlohn in den USA beträgt 5,15 US-Dollar pro Stunde. Angestellte in der Privatindustrie verdienen in den USA im Durchschnitt 17,82 US-Dollar pro Stunde (Quelle: U.S. Department of Labor: National Compensation Survey: Occupational Wages in the United States, June 2005). Bei American Apparel bekommen die ArbeiterInnen mindestens 8 US-Dollar pro Stunde, im Durchschnitt verdienen sie 12,50 US-Dollar. Erfahrene ArbeiterInnen können es auf bis zu 18 US-Dollar pro Stunde bringen (Quelle: www.americanapparel.net/mission/workers.html).

reagieren und neue Modelle auf den Markt werfen. Dov Charney selbst hat übrigens langsam die Nase voll von dieser ganzen »sweat-shop free«-Sache, die will er jetzt »weniger betonen«, weil sie viel zu sehr nach »Charity« klingt, viel zu sehr »pc«. Charney ist einfach zu cool für so etwas. Für die Zukunft plant er eine »völlig neue Form des Kapitalismus«[35]. Mag schon sein, dass er ein genialer Geschäftsmann ist, der seine Verkaufszahlen jedes Jahr verdoppelt und seine 4500 Angestellten besser bezahlt als andere. Mag sein, dass er einen Teil seiner Wäsche aus biologisch angebauter Baumwolle herstellt und plant, den Anteil der Bio-Klamotten bis auf achtzig Prozent zu erhöhen. Aber es stimmt eben auch, dass man ein Kleidungsstück nicht (nur) wegen seiner vorbildlichen Ökologie kauft oder wegen der fairen Arbeitsbedingungen für die Menschen, die es hergestellt haben. Man kauft sich damit auch ein Stück Lebensgefühl. Da mag das Teil von »American Apparel« noch so cool sein, aber ich persönlich möchte mir keine Kleidung bei einem Unternehmen kaufen, das anscheinend auf Unzucht aufgebaut ist[36]. Ähem, und außerdem bin ich zu dick dafür.

Nein, da kaufe ich meine Unterhosen vielleicht doch lieber bei einem Mann, bei dem absolut niemand auf die Idee kommen könnte, er könne irgendjemanden sexuell belästigen: Wolfgang Grupp. Gerade, es ist kurz vor acht, war er wieder im Fernsehen. Eigentlich wollte ich die Tagesschau einschalten, aber ich war mal wieder zu

35 Zitate aus einem Interview im »Los Angeles Business Journal« vom 31. Mai 2004.

36 So sagt es jedenfalls ein Ex-Angestellter: »It was a company built on lechery.« (»Living On The Edge At American Apparel«, Business Week, 27. Juni 2005).

früh dran, und jetzt sitzt da kein Nachrichtensprecher im Studio, sondern ein Affe mit Krawatte und Brille, hinter sich die Deutschlandfahne. Der Affe spricht: »Hallo, Fans, Trigema ist Deutschlands größter T-Shirt- und Tennis-Bekleidungs-Hersteller, Trigema produziert mit über 1200 Mitarbeitern nur in Deutschland. Was sagt der Inhaber Herr Grupp dazu?« Auftritt Wolfgang Grupp im Dreiteiler und mit korrektem Scheitel: »Wir werden auch in Zukunft nur in Deutschland produzieren und unsere 1200 Arbeitsplätze sichern.« Und dann wieder Schnitt auf den Affen. »Ich kaufe nur Trigema-Produkte und sichere diese Arbeitsplätze.« Wenn ich Wolfgang Grupp nochmal sehen will, dann muss ich nur eine beliebige Polit-Talksendung zum Thema »Standort Deutschland« einschalten, da sitzt er ganz sicher in der Runde und betet wieder und wieder seine Firmenphilosophie herunter: Ist der Standort Deutschland zu teuer? Ist er nicht, sagt der Herr Grupp. Die Unternehmer müssten nur mehr Verantwortung zeigen und Vorbilder sein und so weiter. Langfristig denken! Nicht immer nur den Umsatz maximieren wollen! Leistung, darauf kommt es an, auf sonst nichts. Wolfgang Grupp hat noch nie Arbeitsplätze abgebaut und garantiert allen Kindern seiner Angestellten einen Arbeitsplatz bei Trigema. Wolfgang Grupp sieht allerdings auch nicht ein, warum er seine Angestellten zu hundert Prozent weiterbezahlen soll, wenn sie krank werden. Ein wahrer Unternehmer eben. Als manchen Großkunden die Trigema-Ware zu teuer wurde, eröffnete er eine eigene Kette von Fabrikläden, wo man seine Ware günstig direkt vom Erzeuger kaufen kann. Um den Überblick zu behalten, fliegt Grupp mit dem eigenen Hubschrauber durch Deutschland. Privat ist er sehr sparsam, isst angeblich meist belegte Brötchen, die er sich allerdings von einem schottischen Butler servieren lässt. Mit seiner Frau, der Baronesse Elisabeth von Holleuffer, und seinen beiden Kindern lebt Wolfgang Grupp in einer Villa, die direkt gegenüber dem Trigema-Firmengelände im schwäbischen Burladingen steht. Jeden Morgen zieht sich Wolfgang Grupp seinen Maßanzug an und geht hinüber in das Großraumbüro, von dem aus er seine Firma leitet. So seltsam es klingt – Dov Charney und Wolfgang Grupp haben einiges gemeinsam: die Überzeugung, dass man keine Arbeitsplätze ins Ausland verlegen muss, um wettbewerbsfähig zu bleiben. Und den kompromisslosen Einsatz für ihr Unternehmen. Wovon Charney allerdings etwas zu viel hat, davon hat Grupp für meinen Geschmack eindeutig zu wenig: Sex. Der Gipfel an Sexyness im Katalog von Trigema ist die »Claudia Effenberg Kollektion« für Sportkleidung, präsentiert von der Namensgeberin selbst.

Dafür kann man auf der Trigema-Homepage gleich neben Effenberg-, Affen- und Deutschlandkollektion[37] das wohl ökologisch korrekteste T-Shirt von ganz Deutschland bestellen: Es wurde, wie alles bei Trigema, hierzulande hergestellt, verursacht deshalb nur sehr wenig CO_2-Ausstoß und ist vollständig kompostierbar. Kostet nur 21 Euro.

Wem das immer noch zu teuer ist, der macht es so wie ich, wenn er Kleidung kauft – und steht irgendwann zwangsläufig in einer H & M-Filiale. Ich habe dabei immer ein ungutes Gefühl. Nicht nur, weil ich mir dort regelmäßig sehr alt vorkomme. Sondern vor allem, weil ich ahne, dass mit

37 Und spätestens angesichts dieser lustigen Dreierkombination verflüchtigt sich jeder Verdacht, Grupp könnte bei seinem patriotischen Auftreten eventuell ein verkappter Nazi sein.

dieser Kleidung etwas nicht stimmen kann. Sie ist einfach viel zu günstig. Und wie es in der Bekleidungsindustrie zugeht, wenn sie nicht wie unsere Freunde Charney und Grupp ausschließlich im eigenen Land fertigt, davon hat man ja schon genug gehört. Oder etwa noch nicht? Hier nur zwei Beispiele, die stellvertretend für viele andere stehen. Einen guten bzw. verheerenden Eindruck von den Bedingungen, unter denen ein Großteil der Kleidung hergestellt wird, die wir in Kaufhäusern und Boutiquen kaufen, gibt das, was am 11. April 2005 in Palashbari (Bangladesh) geschehen ist. In den frühen Morgenstunden stürzten die neun Stockwerke einer offenbar baufälligen Fabrik der »Spectrum Sweater Industries Ltd.« in sich zusammen – und begruben 450 Arbeiter unter sich, die hier waren, um die Nachtschicht abzuleisten. 64 starben, über 70 wurden verletzt und Hunderte wurden arbeitslos. Hier wurden Kleidungsstücke für Zara, KarstadtQuelle, Carrefour und andere Marken hergestellt. Die Hinterbliebenen der umgekommenen Arbeiter, die Verletzten und die Arbeitslosen verhandeln noch immer über eine Abfindung. Immerhin: Die einkaufenden Firmen haben sich mittlerweile bereit erklärt, in einen Hilfsfonds einzuzahlen. Aber nicht einstürzende Altbauten sind die größte Bedrohung für Billig-Textilarbeiter – sondern die Konkurrenz, die ständige Gefahr, dass irgendwo auf der Welt jemand bereit ist, dieselbe Arbeit noch billiger zu erledigen. Da kann man noch so fleißig und genügsam sein – die Einkäufer der großen Konzerne kennen keine Gnade. Bis Oktober 2006 wurde in der »Gina Form Bra«-Fabrik in Bangkok (Thailand) Unterwäsche für Marken wie Calvin Klein, The Gap oder Victoria's Secret hergestellt. Jetzt ist die Fabrik von ihrem Besitzer, der »Clover Group International« aus

Hongkong, geschlossen worden. Die Produktion wurde nach China verlegt, da halfen auch keine Proteste der Arbeiterinnen. Zuletzt mussten sie auch noch um ihre bereits versprochenen Abfindungen kämpfen. Eigentlich sollten sie sechs Monatslöhne bekommen, aber die Firma wollte nicht bezahlen. Nach einer Kampagne von Clean Clothes[38] kam es doch noch zu einer Einigung. Die Schließung von »Gina Form Bra« ist auch deshalb ein Verlust, weil dort in den letzten Jahren anständige Löhne gezahlt und annehmbare Arbeitsbedingungen geboten worden waren – was in Thailand eine große Seltenheit ist. Übrigens nicht aus Menschenfreundlichkeit der »Clover Group«, sondern ebenfalls wegen einer Kampagne von Clean Clothes. 2003 hatte die Organisation dafür gekämpft, dass Clover zuvor entlassene Gewerkschafter wieder einstellte. Die Verlegung der Produktion lohnt sich für den Konzern garantiert, denn man darf wohl annehmen, dass die Arbeiterinnen und Arbeiter in China nicht so aufmüpfig sein werden wie ihre thailändischen KollegInnen.

Aber wie steht es nun mit Hennes & Mauritz, dem allgegenwärtigen Bekleidungsgeschäft mit seinen weltweit 1300 Filialen in 24 Ländern? Wäre dieses Buch vor einigen Jahren entstanden, ich hätte vor H & M nur warnen können. Die schwedische Kette lässt einen großen Teil ihrer Ware in Asien und in Osteuropa produzieren, eben immer dort, wo die Herstellungskosten am geringsten sind. Und bis vor einiger Zeit konnte man den Eindruck haben, H & M interessiere sich herzlich wenig dafür, unter welchen Bedingungen die TextilarbeiterInnen die Ware herstellen. »Mode und Qualität zum besten Preis« lautet das H & M-

38 www.cleanclothes.org

Motto, wobei der Schwerpunkt, das weiß jeder, der dort schon einmal eingekauft hat, eindeutig auf dem besten, soll heißen: billigsten Preis liegt. Die Qualität der H & M-Ware mag jeder für sich selbst einschätzen – ich persönlich habe mich schon daran gewöhnt, dass die Sachen nicht ewig halten und oft genug kein einziges Jahr. Das hat sich nicht geändert. Was sich allerdings geändert hat, ist der Umgang von H & M mit dem gewachsenen Bewusstsein seiner jungen Kunden für globale Arbeitsbedingungen. Heute kann man sich den 81 Seiten umfassenden CSR-Bericht[39] von der H & M-Webseite herunterladen, auf Wunsch auch in kleineren Häppchen. Ausführlich stellt der Konzern darin seine Bemühungen um ordentliche Bezahlung und angemessene Arbeitsbedingungen für die Arbeiter in seinen Zulieferbetrieben sowie die Umweltverträglichkeit seiner Herstellungsmethoden vor. Hier kann man auch erfahren, dass H & M berechtigt ist, das Öko-Label der EU zu verwenden (allerdings, und danach muss man etwas suchen, nur für wenige Baby-Kleidungsstücke aus dem Sortiment), dass H & M in Kambodscha Hilfsprojekte der UNICEF unterstützt, dass H & M es begrüßt, wenn die ArbeiterInnen in den Zulieferbetrieben sich gewerkschaftlich organisieren, dass H & M die Zahlung des gesetzlichen Mindestlohns und von Überstunden durchsetzt und jeden Betrieb darauf hin kontrolliert, ob etwa Kinder für die Arbeit eingesetzt werden. H & M versichert, »sein Äußerstes« dafür zu tun, dass keine Kinderarbeit vorkommt. Und hat auch eine Antwort auf die Frage, was passiert, wenn doch Kinder angetroffen werden. Die werden nämlich nicht

---

39 CSR: Abkürzung für Corporate Social Responsibility, übersetzt etwa »unternehmerische Sozialverantwortung«.

einfach aus der Fabrik entfernt, sondern es wird sichergestellt, dass sie eine Ausbildung bekommen und dass die Familie nicht ihr Einkommen verliert. Dann ist ja alles gut? Nun ja.

Seit einigen Jahren versuchen Billiganbieter, und nicht nur jene für Textilien, sondern auf nahezu jedem Warensektor, uns Verbraucher glauben zu machen, dass sie längst nicht so böse sind, wie kritische Journalisten uns immer wieder berichten. H & M beute die ArbeiterInnen in seinen Zulieferbetrieben aus, heißt es zum Beispiel in dem Buch »Das neue Schwarzbuch Markenfirmen« von Klaus Werner und Hans Weiss.[40] H & M reagiert mit Verhaltensregeln[41], die es den Zulieferfirmen auferlegt, wird Mitglied in der »Fair Labor Association«, die diese Verhaltensregeln zusätzlich zur Firma selbst überprüft, unterstützt den Global Compact der UNO und kooperiert mit Hilfsorganisationen wie UNICEF, Mentor, WaterAid oder terre des hommes.

Das ZDF-Magazin »Frontal 21«[42] wirft H & M vor, deutsche Angestellte zu schikanieren: Wer sich krank melde, müsse damit rechnen, angerufen zu werden (»Wie krank bist du denn, was ist denn deine Krankheit?«). Angestellte würden aufeinander angesetzt und gegeneinander ausgespielt (»Guck mal, wie der da und da arbeitet, hat der denn gestern dieses und jenes auch wirklich gut gemacht, und hätte er es nicht noch schneller machen können?«). Betriebsräte, von denen es bei H & M sowieso nur relativ

40 Ullstein, 2006.
41 Gesetzliche Mindestlöhne für die ArbeiterInnen, Brandschutz, Verbot von Kinderarbeit.
42 Sendung vom 21. März 2006.

 **Raten Sie mal**

Welche der folgenden Grundsätze sind nicht im »Global Compact« der Vereinten Nationen festgeschrieben?

(Grundsatz 1:) Unternehmen sollen den Schutz der Menschenrechte unterstützen und respektieren und (Grundsatz 2:) sicherstellen, dass sie sich nicht der Verletzung von Menschenrechten mitschuldig machen. (Grundsatz 3:) Unternehmen sollen die Freiheit zum gewerkschaftlichen Zusammenschluss ihrer Angestellten respektieren sowie deren Recht auf Kollektivverhandlungen effektiv anerkennen; (Grundsatz 4:) jede Art von Zwangsarbeit und erzwungener Arbeit abschaffen; (Grundsatz 5:) Kinderarbeit effektiv bekämpfen; (Grundsatz 6:) Diskriminierung in Bezug auf Beschäftigung und das Arbeitsverhältnis unterlassen. (Grundsatz 7:) Unternehmen sollen in Umweltfragen einen vorbeugenden Ansatz verfolgen; (Grundsatz 8:) Initiativen zur Förderung eines größeren Umweltbewusstseins ergreifen und (Grundsatz 9:) die Entwicklung und Verbreitung umweltfreundlicher Technik fördern. (Grundsatz 10:) Unternehmen sollen gegen jede Form von Korruption arbeiten, inklusive Erpressung und Bestechung. (Grundsatz 11:) Unternehmen, die sich auf diese Regeln verpflichten, werden regelmäßig von unabhängigen Stellen überprüft und (Grundsatz 12:) haben bei Nichtbeachtung mit einer empfindlichen Geldstrafe zu rechnen.

Auflösung: O.K., ich gebe zu, das war viel zu leicht. Die Grundsätze 11 und 12 habe ich erfunden. Tatsächlich wird die Einhaltung des »Global Compact« nicht überprüft und die Nichteinhaltung bleibt völlig folgenlos.

wenige gebe[43], müssten ihre gesamte Tätigkeit protokollieren, jedes Gespräch, jedes Telefonat. H&M reagiert auf den Beitrag mit dem Argument, dass es sich dabei um Einzelfälle handle. Und wenn es tatsächlich Missstände gebe – die müssten selbstverständlich abgestellt werden. Kapitalismus 2.0, jetzt auch kompatibel mit kritischen Konsumenten. Die Konzern-Argumentation ist immer dieselbe, in jeder Branche, sowohl beim globalen Wareneinkauf als auch bei den Arbeitsbedingungen in den hiesigen Filialen: Der Konzern bemüht sich, aber Fehler können überall vorkommen. Wenn er Fehler erkennt, tut er sein Möglichstes, diese zu beseitigen. Und wir Konsumenten? Zucken mit den Schultern. Geben uns zufrieden. Wir lassen uns davon einlullen, dass der Konzern, bei dem wir kaufen, versprochen hat, anders als früher dafür zu sorgen, dass es Notausgänge gibt und Teepausen und dass die Fabrik nicht demnächst wegen Baufälligkeit zusammenkracht. Ja, der Konzern verspricht sogar, Mindestlöhne zu bezahlen, Höchstarbeitszeiten einzuhalten und auch die Bezahlung von Überstunden zu garantieren.[44] Und übersehen, was eigentlich wichtig ist, den wesentlichen Grund dafür, dass wir bei einer Billig-Marke einkaufen: weil wir billig einkaufen wollen.

Wenn heute ein Kleidungsstück in Deutschland verkauft werden soll, dann stellt sich für die Designer und Einkäufer aller Ketten zunächst nur eine einzige Frage:

---

43 Nur in etwa einem Sechstel der bald dreihundert Filialen.

44 H&M merkt in einem Bericht über seine Produktion in Kambodscha immerhin treuherzig an: »Ein Dilemma besteht darin, dass Beschäftigte, die pro hergestelltes Kleidungsstück bezahlt werden, manchmal von sich aus in gewissem Umfang Überstunden machen möchten, um ein besseres Einkommen zu erzielen.«

Wie viel sind die Kunden bereit, für diese Jeans, dieses T-Shirt, diesen BH auszugeben? Je nach Kette variiert die Preisspanne, die man den Kunden zumuten kann. Von diesem Preis werden Herstellungs-, Transport- und Vertriebskosten abgezogen – und was am Ende übrig bleibt, ist der Gewinn. Weil aber jedes Unternehmen einen möglichst hohen Gewinn erzielen möchte, wird es versuchen, die Kosten für Herstellung, Transport und Vertrieb möglichst geringzuhalten. Was bedeutet: Alle Beteiligten sollen möglichst wenig Lohn erhalten. Die Designer und Einkäufer fahren zu Agenturen auf der ganzen Welt, in ihrem Koffer die Muster der Kleidungsstücke, die in großer Zahl hergestellt werden sollen. Oft genug haben sie Kleidungsstücke anderer Designer dabei, eigene Ideen könnten sich nicht so gut verkaufen wie der neueste Trend, da geht man lieber auf Nummer sicher. So soll es aussehen, sagen sie dann in der Agentur in Hongkong oder Macao, nicht ganz genau so (eindeutig kopieren dürfen sie dann doch nicht), mit dieser und jener kleinen Änderung, wir brauchen 3000 oder 5000 oder 100 000 Stück, zu welchem Preis könnt ihr das machen? Und so sammeln sie Angebote. Der letzte Schrei ist es, die Aufträge gleich über das Internet zu versteigern, da spart die Kette auch noch Reisekosten. Die Agenturen wiederum vergeben die Aufträge weiter an ihre Subunternehmer, liefern Muster, unterbieten sich gegenseitig. Und die billigste Agentur bekommt den Zuschlag – wenn die Qualität gerade noch vertretbar ist. Jedes Jahr wechseln die Vorschriften, Steuersätze und Zollbestimmungen. Irgendwo streiken die Arbeiter, weil die Gewerkschaft zu stark geworden ist. Im einen Jahr kann es billiger sein, die langärmligen T-Shirts in der Türkei herzustellen, im nächsten Jahr in Thailand, und dann in

China oder Rumänien. So kann es passieren, dass auf den ersten Blick identische Modelle, die im Laden sogar direkt nebeneinander liegen, aus völlig unterschiedlichen Weltregionen stammen. Meine Freundin Beate hat früher als Einkäuferin und Designerin bei einer deutschen Modekette gearbeitet und ist für sie um die Welt gereist, um billige Ware einzukaufen. Wenn sie heute davon erzählt, spürt man deutlich, dass ihr nicht immer wohl dabei war: »Manchmal habe ich mich schon gefragt, ob die Sachen nicht mit Kinderarbeit hergestellt werden.« Aber letztlich, gibt sie zu, war es ihr egal. Was für ihre Firma zählte, war allein der Preis.

Kinderarbeit gibt es schon immer. Das Neue ist, dass sie bei uns nicht mehr geduldet wird. Erst im Jahr 1839 wurde in Preußen ein Gesetz gegen Kinderarbeit erlassen – und zwar nicht etwa, weil man dort allzu großes Mitleid mit den armen Kleinen gehabt hätte, sondern weil die schwere Arbeit die Kinder flächendeckend so krank machte, dass der Staat Probleme hatte, noch gesunde Rekruten für sein Militär zu finden. In der Schweiz konnten Bauern noch bis in die Mitte des 20. Jahrhunderts Waisenkinder kaufen, die dann auf ihren Höfen schuften mussten.

Auch wenn es mittlerweile in vielen Ländern Gesetze gegen Kinderarbeit gibt und westliche Konsumenten Produkte ablehnen, die von Kindern hergestellt worden sind, arbeiten nach Schätzungen der UNICEF weltweit achtzehn Prozent aller Kinder zwischen fünf und vierzehn Jahren – also fast jedes Fünfte. In vielen Gesellschaften werden Kinder zur Arbeit geschickt, da haben Gesetze bisher wenig geholfen. Die Kinder arbeiten im Verborgenen. In Indien, Kenia, Indonesien, Bangladesh und Brasilien arbeiten 5 Millionen Kinder unter 14 Jahren, vor allem

Mädchen, in privaten Haushalten als Dienstboten, wobei diese Berufsbezeichnung schönfärberisch ist. Es sind eher Sklaven: »Weitgehend schutz- und rechtlos müssen (sie) für einen Hungerlohn bis zu 16 Stunden am Tag arbeiten. Sie bekommen kaum zu essen, werden für Fehler geschlagen und sind häufig sexuellen Übergriffen durch ihre Dienstherren ausgesetzt. Die meisten Kinder haben keine Chance, eine Schule zu besuchen. Sie sind häufig von der Außenwelt isoliert und haben kaum Möglichkeiten, sich zu erholen«, schreibt UNICEF.[45]

Weil die Kinder so billig sind, verdrängen sie die Erwachsenen vom Arbeitsmarkt, machen die Arbeit für ihre Eltern also noch knapper und damit billiger: Es ist ein Teufelskreis. Denn weil die Eltern nur so wenig verdienen, schicken sie ihre Kinder zum Arbeiten.

Trotzdem ist es vielleicht falsch, plump gegen Kinderarbeit zu sein. Da sie sowieso nicht zu verhindern ist, sollte man den arbeitenden Kindern helfen und für ihre Rechte eintreten – wie es »proNATs« tut, der Verein zur Unterstützung arbeitender Kinder und Jugendlicher. Der Verein setzt sich gegen ein Verbot von Kinderarbeit ein, wenn die Kinder nicht zur Arbeit gezwungen werden und fair bezahlt werden. Gegen Ausbeutung, für Selbstbestimmung. In Lateinamerika, Afrika und Asien organisieren sich Kinder bereits in eigenen Bewegungen und kämpfen für bessere Bezahlung und Arbeitsbedingungen. ProNATs argumentiert, dass viele Kinder gerne arbeiten und sich ohne Job keinen Schulbesuch leisten könnten. Geregelte Kinderarbeit könnte die Situation der Kinder verbessern.

45 Pressemitteilung zum »Welttag gegen Kinderarbeit« vom 11. 6. 2004, www.unicef.de

»Arbeit, Bildung und Freizeit müssen sich nicht ausschließen, sondern sollten allesamt ermöglicht werden.«

Ich weiß es nicht. Ich wünschte mir, jedes Kind könnte so eine behütete Kindheit haben wie ich selbst, aber das ist nur naiv, sonst nichts. Ist es immer noch besser, kinderarbeitfreie Unterhosen zu tragen, wenn das bedeutet, dass Kinder trotzdem arbeiten müssen, nur eben dort, wo niemand hinsieht, wie sie behandelt werden? Sollten meine Unterhosen nicht lieber von stolzen Kinderarbeitern gefertigt sein, die mit ihrem Lohn etwas zum Familienunterhalt beitragen und sich nachmittags eine ordentliche Schulbildung leisten können, um später einen besseren Job zu bekommen?

 Was Sie tun können

Gehen Sie in Ihr Lieblingsbekleidungsgeschäft und fragen Sie das Personal nach dem Produktionsland jedes einzelnen Kleidungsstückes. Lehnen Sie Kleidungsstücke ab, die von Menschen produziert worden sind, die es sich nicht leisten können, ihre Kinder zur Schule zu schicken. Gehen Sie in die Umkleidekabine und legen Sie jedes Kleidungsstück ab, das in einem Land hergestellt wurde, in dem die Menschen verständnislos reagieren, wenn sie das Wort »Krankenversicherung« hören. Verlassen Sie Umkleidekabine und Bekleidungsgeschäft. Erkälten Sie sich nicht.

Uns Konsumenten kümmern solche Details nicht. Wir beschäftigen uns nur ungern damit. Wir wollen uns nur darüber freuen, ein todschickes Teil zu einem günstigen Preis ergattert zu haben. Dass schon die Stoffe oft schlecht sind und die Garne minderwertig, dass die Kleidung schon nach dreimal Waschen auseinanderfällt oder ausbleicht oder beides, das alles stört uns nicht. Dann kaufen wir eben neu, kostet ja nichts. Darum geht es uns doch eigentlich: um den Akt des Kaufens. Wir wollen etwas Neues haben. Und je billiger es ist und je schneller es kaputt geht, desto schneller können wir uns das Vergnügen bereiten, uns wieder etwas Neues zu besorgen. Und wieder. Und wieder. Und alle gewinnen dabei: die Konzerne, die den Gewinn machen. Wir, die wir jedes Mal wieder unseren Spaß haben. Und die Menschen, die die Sachen herstellen – nicht.

Ja, könnte man jetzt einwerfen, die Leute am anderen Ende der Welt, seien sie nun in Rumänien oder Kambodscha, sollen doch froh sein, wenn wir ihnen Arbeit geben. Die hätten doch sonst gar nichts, so haben sie wenigstens etwas. Und wenn die Textilarbeiter tatsächlich so bezahlt würden, dass sie sich mit ihrem Gehalt in ihrem Land Waren und Dienstleistungen kaufen können, die ihre Grundbedürfnisse befriedigen, dann würde ich diesem Einwand zustimmen und die Globalisierung, wie wir sie erleben, wäre eine gute Sache. Ist sie aber leider nicht.

Der Mindestlohn für einen Textilarbeiter beispielsweise in Bangladesh beträgt 600 bis 900 Taka im Monat[46], das sind umgerechnet 6,60 bis 10 Euro. Was nichts aussagt, denn in

---

46 Quelle: International Labour Organization (www.ilo.org). Allerdings stammen deren Daten aus dem Jahr 2003 – mittlerweile dürfte der Lohn noch niedriger sein, weil die Textilpreise seither drastisch gefallen sind. Weitere Informationen zum weltweiten Kaufkraftvergleich finden sich auf den Internetseiten der Weltbank: www.worldbank.org

Bangladesh gelten keine Euro-Preise. Interessanter ist also die Frage, was sich der Arbeiter mit seinen 600 Taka in seinem Land kaufen kann. Um die Kaufkraft in verschiedenen Ländern zu vergleichen, kann man das Prinzip der Kaufkraftparität anwenden. Man definiert eine Anzahl von bestimmten Waren und Dienstleistungen (zum Beispiel Lebensmittel, Mietkosten etc.), den sogenannten Warenkorb. Anhand dessen lassen sich Währungen realistischer vergleichen als mit dem Wechselkurs. Die »International Labour Organization« berechnet für unseren Textilarbeiter ein Monatseinkommen von 50 bis 75 PPP-Dollar, wobei »PPP« für »Purchasing Power Parity« steht, auf Deutsch »Kaufkraftparität«. Mit anderen Worten: Der Textilarbeiter kann von seinem Monatslohn in Bangladesh so viel kaufen wie jemand in den USA für 50 bis 75 Dollar. Also fast nichts.

 Entscheiden Sie selbst

Was soll sich der oder die ArbeiterIn leisten können, die Ihre Unterhose hergestellt hat?

○ Schulbesuch der Kinder
○ Herd
○ Feuerstelle
○ Bett
○ Playstation 2™

Billige Kleidung wird billig hergestellt. Punkt. Es ist zwar ganz nett, dass sich große Firmen, seit das Thema Arbeitsbedingungen eine gewisse Aufmerksamkeitsschwelle überschritten hat, eigene Verhaltensregeln leisten und manchmal sogar Prüfer, die diese vor Ort kontrollieren sollen – aber das ist alles nur ein großes Ablenkungsmanöver. Es liegt nicht im Interesse der Konzerne, dass die Menschen, die ihre Produkte herstellen, gut bezahlt werden – weil es nicht in unserem Interesse liegt, in dem der Kunden. Wir Kunden sind sowieso seltsame Wesen, allesamt gespaltene Persönlichkeiten: Einerseits wollen wir billig kaufen, andererseits wollen wir, dass es den Menschen gut geht, welche die Waren für uns herstellen. Diese beiden sich widersprechenden Wünsche geben wir an das Bekleidungsunternehmen weiter. Und dieses gibt es an seine Subunternehmer weiter. Wenn jetzt aber eine Textilfabrik wie »Gina Form« in Bangkok zu großen Wert auf gute Arbeitsbedingungen legt, dann steigen ihre Preise – und in der nächsten Saison bekommt sie keine Aufträge mehr und wird geschlossen.

Der Rock meiner Freundin ist fast fertig. Es scheint keine einfache Arbeit zu sein, sehr konzentriert ist sie immer noch über die Nähmaschine gebeugt. Sie blickt auf und sagt: »Na, schreibst du wieder kommunistisches Zeug?«, und dann, wieder auf ihre Arbeit blickend: »Es un trabajo de chinos«, weil man das in Argentinien so sagt angesichts einer anstrengenden filigranen Handarbeit, »eine Chinesenarbeit«. Kurz will ich sagen, das sei jetzt aber rassistisch. Aber dann fällt mir ein: Sie hat faktisch recht.

Und meine moralisch einwandfreie Kleidung? Angeblich gibt es sie doch. »Loomstate« aus New York verkauft Kleidung, die aus organisch angebauter Baumwolle hergestellt wird, ebenso die walisische Firma »howies«. Aber kann ich denen wirklich vertrauen, wenn ich nicht genau weiß, ob der Chef nicht doch ein Schwein ist und ob die Arbeiter wirklich gut bezahlt werden? Ich könnte mir auch Kleider bestellen bei ökologisch korrekten Versandhäusern wie zum Beispiel »Waschbär«, die bei jedem Kleidungsstück genau auflisten, woher der Stoff kommt und mit welchen Methoden er behandelt wurde. Der Chef Ernst Schütz erzählt in der Einleitung zum Waschbär-Katalog unter dem Titel »Der Sinn der Sinnlichkeit« von der Familie Schweikardt aus Sonnenbühl auf der Schwäbischen Alb, die schon seit drei Generationen »erstklassige Naturtextilien« herstellt: »Die Schweikardts sind Menschen, denen wir uns eng verbunden fühlen.« Und nicht nur denen, auch den Zulieferern in Fernost, »wenn es sich als sinnvoll erweist«. Doch Kleidung aus dem Katalog zu bestellen, das liegt mir nicht.

So, wie ich mich kenne, werde ich wohl weiter billige Kleidung in billigen Läden zusammenkaufen und tragen, bis sie auseinanderfällt. Aber dann sollte ich wenigstens wissen, was ich da tue. Darum wäre es vielleicht nicht schlecht, wenn ich jedes Mal beim Einkaufen ein Claudia-Klütsch-Erlebnis hätte. Sie haben vielleicht von der Hausfrau Claudia Klütsch aus Wesseling bei Köln gelesen oder ihre Geschichte im Fernsehen gesehen. Nicht? Ist eine schöne Geschichte. Sie geht so: Im Oktober 2005 kaufte Claudia Klütsch für ihren Gatten Martin ein Oberhemd bei der Metro und schenkte es ihm zum Geburtstag. Als sie das Hemd einige Tage später aus der Verpackung nahm, da fand sie einen handgeschriebenen Zettel. »I am a poor man. I need money«, stand darauf, der Name Gazi Shahariyar und eine Adresse in Bangladesh. Und »God bless you«. Nachdem Frau Klütsch ihr erstes Misstrauen überwunden hatte, rief sie einen Journalisten beim Kölner Express an, der reichte den Fall weiter an den Spiegel, und dessen Reporter fanden heraus: Der Hilferuf war authentisch. Also schickte Claudia Klütsch an Herrn Shahariyar einen Brief mit einigen Dollar. Und Gazi Shahariyar schrieb zurück, bedankte sich – und wollte mehr Geld. Nun ist Frau Klütsch keine reiche, aber doch eine gute Frau. Also entschied sie sich, die dreißig Euro, die sie bisher monatlich dem Roten Kreuz gespendet hatte, nach Bangladesh umzuleiten. Später interessierte sich auch SternTV für die rührende Geschichte. Ein Kamerateam reiste mit Frau Klütsch nach Asien, und es kam zur Begegnung zwischen Claudia Klütsch und »ihrem« Textilarbeiter. Über den Besuch sagt Frau Klütsch zu SternTV: »Nach der Geburt meiner Kinder war das Treffen mit Gazi das schönste Erlebnis, das ich je hatte.«

Wunderschön. Ich wünschte, ich würde auch einmal so einen Brief bekommen. Dann hätte ich endlich Gewissheit darüber, woher mein Hemd kommt. Aus wessen Händen es kommt. Und unter welchen Bedingungen diese Person leben und arbeiten muss. Und ich könnte, wie Claudia Klütsch, in direkten Kontakt mit dieser Person treten. Und vielleicht helfen.

Das wäre doch eine wunderbare Vorschrift für die globale Textilindustrie: Jede Fabrik auf der ganzen Welt wird verpflichtet, ihren Hemden, Hosen, T-Shirts, Unterhosen und Socken einen Brief des Arbeiters oder der Arbeiterin beizulegen, der oder die das Stück gemacht hat. Interessante Geschichten gäbe es da zu lesen über Arbeitsbedingungen und Bezahlung und Menschen. Mein Hemd und meine Hose wären mir nicht mehr so fremd, wie sie es jetzt sind.

Auf welchen dieser Hilferufe würden Sie antworten?

○ Hello my name is Maurice Peter Omwoni, I am son of Peter Wilson Omwoni, chairman of biggest bank in our country. When my father passed away in last August he left key for swiss depository account. Need help for future withdrawal of US $ 50 000 000 with guaranteed US $ 5 000 000 for you soon.

○ Hilfe! Bitte schicken Sie einige Bauarbeiter! Die Textilfabrik, in der dieses Hemd entstanden ist, stürzt bald ein!

○ Hilfe! Ich muss mir hier acht Stunden lang die Beine in den Bauch stehen und dabei ständig Hitparaden-musik und Handyklingeltöne und Hitparadenhandy-klingeltöne hören.

○ Help! I need somebody! Help! Not just anybody! Help! You know I need someone! Help!

Es müssten ja nicht nur traurige Geschichten von Not und Elend in den Textilbriefen stehen. Vielleicht steht bei meinem Hemd ja auch: »Mir geht's gut! Schöne Grüße aus Thailand!«

»Mir geht's gut?«, fragt meine Freundin, »und das wür-dest du glauben?«

»Warum nicht? Wäre doch schön, so einen Brief bei der neu gekauften Kleidung zu finden. Der individuelle Be-weis dafür, dass Globalisierung keine Einbahnstraße ist«, sage ich. »Dass nicht nur Waren und Dienstleistungen die Grenzen überschreiten, sondern auch Arbeiterrechte. Der Beweis dafür, dass faire Bezahlung für Arbeit unter men-schenwürdigen Bedingungen sich weltweit durchgesetzt hat.« Jetzt muss meine Freundin lachen. »So ein Quatsch. Nur ein Beweis dafür, dass die Textilfabriken eine neue Abteilung gegründet haben, in der sie jetzt diese Briefe schreiben lassen. In unterschiedlichen Versionen und unterschiedlichen Handschriften, damit sie echt aussehen.« Wenn sie nicht immer so verdammt realistisch wäre, es wäre viel leichter für mich, mir ein gutes Konsumentengewissen zu konstruieren. So bleibt mir nur noch eine Möglichkeit:

»Äh, Schatz, könntest du mir bitte zeigen, wie ich mir selbst eine Hose machen kann?«

Und das hat sie dann getan. Aber gelernt habe ich es bis heute nicht.

Geiz
Neapel sehen und sterben.
Wie ich von der Notwendigkeit des Klimaschutzes
überzeugt wurde

 **Was Sie tun können**

Bleiben Sie zu Hause.
Heizen Sie nicht.
Das Ende ist nahe.

Mein lieber Schwan, er sieht viel jünger aus als ich. Also nach Neapel. Wo Christoph seinen vierzigsten Geburtstag feiern wollte. Gute Idee. Einmal kurz weg aus der Stadt. Und es ist ja auch bezahlbar, wenn man mit dem Pionier der Billigfluglinien unterwegs ist: easyjet.com. Durch die Gassen der malerischen Altstadt schlendern. Die bunten Wäschestücke bestaunen, die vor jedem Fenster hängen. Passanten verdächtigen, dem organisierten Verbrechen zuzuarbeiten. Mit einem schwarzen Anzug und Sonnenbrille durch Neapel schlendern und so tun, als würde man selbst zum organisierten Verbrechen gehören. Mit der Fähre für eine Stunde rüber nach Capri, die Treppen hoch und wieder runter, noch einen Cappuccino am Hafen und ein Schwätzchen mit dem Kellner (in Wuppertal aufgewachsen, will aber, was Wunder, dorthin nicht mehr zurück), und mit dem Jetboat zurück nach Neapel. Abends dann Pizza essen in der ältesten Pizzeria von

Neapel, dazu mit Rotwein anstoßen auf Christophs Geburtstag.

Tischgespräch 1: Wie denn Neapel so sei? Ja, Neapel ist schon sehr schön. Es war eine gute Idee, zum Feiern hierherzukommen. Dieses Gewusel in den Gassen! So viele Menschen. Angeblich ja die am dichtesten besiedelte Stadt Europas. Sich von der Menge treiben lassen. Und stellt euch vor, wir haben einen echten Mafioso gesehen. So richtig mit Anzug und Hut und Sonnenbrille, der sich die Hände küssen ließ. Ach so, das heißt nicht Mafia hier, sondern Camorra. Nein, dieses Wort erwähnen wir nicht mehr. Aber leben könnte ich hier nicht. Dieser Dreck überall! Und diese schlechte Luft! Von der Fähre nach Capri aus ist Neapel nach kurzer Zeit im Smog kaum noch zu erkennen, der Vesuv nur schemenhaft zu sehen. Auch auf der Fähre weht keine Seeluft, eingehüllt vom Rauch der Dieselmotoren verbringen wir die Überfahrt und mit uns verlassen gefühlte zwanzig Diesellaster das Schiff. Und das Erste, was wir von der Jetfähre gesehen haben, die uns zurückgebracht hat, war ihre riesige schwarze Rauchwolke. Noch jemand einen Schluck Wein? Ach, bestellen wir uns doch gleich noch eine ganze Flasche. Oder zwei? Gute Idee.

Tischgespräch 2: Ob jemand den Film von Al Gore gesehen habe? Al Gore? Der wollte doch US-Präsident werden. Und weil er das nicht geworden ist, will er jetzt wenigstens oberster Klimahäuptling der Welt sein. Nein, diesen Film »Eine unbequeme Wahrheit« würde ich mir nicht ansehen. Ein Kollege hatte ihn bereits gesehen und erzählt, dass er danach erst mal ins Kinderzimmer gegangen ist, um nachzusehen, ob seine Kinder noch leben – so beängstigend sei der gewesen. Ich gehe doch nicht ins Kino, um mir Angst machen zu lassen. Was haben die überhaupt alle? Ist doch wunderbar, der Klimawandel. Ist doch ein super Herbst. So warm war's noch nie! Wart ihr nicht sogar baden heute? Überhaupt, ich mag das Klimaproblem. Nein, ehrlich jetzt. Schon klar, wir werden deswegen alle grausam sterben, ersaufen oder erfrieren oder in einem durch das Klimachaos ausgelösten Krieg erschossen werden, wenn uns nicht schon vorher Krebs, Herzinfarkt oder ein durch die Klimakatastrophe verwirrter jugendlicher Amokläufer erwischen. Und so was magst du? Nein, das nicht, aber man kann die ganze Angelegenheit auch anders betrachten: Die Sache sieht zwar düster aus, aber heldenhaftes Handeln kann die Katastrophe doch noch abwenden. Noch jemand Wein? Stellt euch vor: Der Klimawandel ist wie eine Invasion von körperfressenden Außerirdischen – nur die Menschheit gemeinsam kann ihn bekämpfen. Es folgt die Szene von der großen Weltkonferenz. Alle Herrscher aus allen Ländern treffen sich in einem großen Saal, überwinden sämtliche kulturellen Schranken, verzichten selbstlos auf ihren nationalen Vorteil und beschließen Gesetze, die das Klima schützen, so lange es noch nicht ganz zu spät ist. Ganz am Schluss schütteln sich alle die Hände und lachen in die Kamera. Letzte Einstellung: bei Capri die rote Sonne im Meer versinkt, dazu »That's amore« von Dean Martin. Mann, das wäre ein Drehbuch. Nicht so deprimierend wie dieser Gore-Streifen. Die Klimaschutzbewegung sollte endlich mal versuchen, sexy zu werden. Noch jemand Wein? Ach, schon wieder leer? Herr Ober? Noch zwei Flaschen? Sehr gut.

Tischgespräch 3: Der finale Monolog. Weil, überhaupt, schuld sind doch wohl die Amerikaner. Die Nordamerikaner, korrigiert meine Freundin. Sie stammt aus Argentinien. Gut, die Nordamerikaner, von mir aus. Wenn die nicht das Kyoto-Protokoll unterschreiben, dann hat der ganze Klimaschutz sowieso keinen Sinn. Aber was machen die? Die stehen morgens auf und gehen als Erstes in die Garage, um das Auto anzulassen, damit der Motor schön warm ist, wenn sie in einer halben Stunde wegfahren. Stellt euch vor, die Aliens greifen an, schon längst sind sie auf unserem Planeten gelandet, aber von der großen gemeinsamen Weltanstrengung ist nichts zu spüren, ganz im Gegenteil, die Regierungen streiten sich noch darum, ob es überhaupt Aliens gibt oder ob wir uns die nicht nur einbilden. Und haben Angst davor, dass die Bekämpfung der Körperfresser eventuell unser Wirtschaftswachstum gefährden könnte. Schon gut, ich höre schon auf. Will niemand mehr etwas trinken? Ach, ihr habt schon gezahlt? Dann eben auf den Heimweg, durch die jetzt dunklen Gassen Neapels zum Hotel. Seltsam, kein einziges Mofa mehr unterwegs, sonst ist doch alles voll davon. Hey, morgen stehen wir früh auf und sehen uns den Vesuv an. Morgens, wenn noch nicht so viele Abgase in der Luft sind, müsste er doch zu sehen sein. Moment, ich hab da einen Verdacht: Ich bin nach Neapel gekommen, um den Vesuv zu sehen. Aber ich kann ihn nicht sehen, weil der Smog ihn einhüllt. Aber was ist, wenn der Vesuv nicht zu sehen wäre, weil ich nach Neapel gekommen bin? Ja, ich komm ja schon. Wo geht's lang?

Als ich wieder zu mir kam, war alles ganz anders. Ich lag in einem Bett, aber es war nicht das Hotelbett, sondern viel schmaler und härter. Das war nicht das Hotelzimmer.

Das war ein anderer Raum. Finster. Von draußen drang kein Laut herein. Ich tastete neben mich. Meine Freundin lag nicht neben mir. Ich setzte mich auf. Kopfschmerzen. Meine Augen gewöhnten sich langsam an die Dunkelheit. Da war doch noch jemand im Zimmer. Die Person saß auf einem Stuhl vor meinem Bett.

»Haben Sie gut geschlafen?«

Das war definitiv nicht meine Freundin, sondern ein Mann mit einer sehr heiseren Stimme.

»Wo bin ich? Was ist passiert? Wer sind Sie?«

»Mein Name … tut nichts zur Sache. Sie waren gestern ziemlich betrunken. Wir haben Sie aufgesammelt und zu uns gebracht.«

»Warum?«

»Wir müssen uns unterhalten.«

»Unterhalten? Worüber?«

»Das werden Sie schon noch begreifen.«

Der Mann beugte sich zur Seite und betätigte einen Lichtschalter. Stechender Schmerz in meinen Augen. Wir befanden uns in einem kleinen Raum, vielleicht acht Quadratmeter; außer meinem Bett, das eher eine Pritsche war, gab es nur den Stuhl, auf dem mein Besucher saß, und eine kahle Energie-Spar-Glühbirne, die an der Decke hing. Schwach beleuchtete sie den Mann mit der heiseren Stimme. Er trug einen dunklen Anzug, dazu einen breiten Hut. Obwohl es so dunkel war, trug er eine Sonnenbrille auf der Nase. Hinter ihm gab es ein Fenster, es war abgedunkelt. Nur durch schmale Schlitze drang etwas Licht herein. Draußen musste es längst hell sein. Ich wollte aufstehen, da merkte ich, dass meine Füße gefesselt waren. »Was soll das? Was wollen Sie von mir?« Ich spürte die Feuchtigkeit auf meiner Stirn. Ich schwitzte.

»Nur Geduld. Alles zu seiner Zeit. Zuerst möchte ich Ihnen etwas über meine Heimat erzählen – Neapel. Seit vielen Jahrzehnten das Reiseziel von Touristen aus aller Welt. Berühmt für seine malerischen Gassen, für seine Castelli, für die Pizza und für den Blick auf den Vesuv. Wir machen gute Geschäfte mit den Touristen.«

»Ist mir bekannt.«

»Unterbrechen Sie mich nicht. Nun, sehen Sie, seit einiger Zeit haben wir kleine Probleme. Zuerst war es nur der Müll. Und der Smog. Aber, sehen Sie, Neapel liegt am Meer. Wenn sich die Atmosphäre weiter so erwärmt wie in den letzten Jahren, wird Neapel bald im Meer versinken. Und es werden keine Touristen mehr kommen. Wir werden keine Geschäfte mehr machen.«

»Ja, das ist schlimm.«

»Schlimm? Sie sagen, das wäre schlimm?« Es sah ganz danach aus, als hätte ich meinen Entführer verärgert. Er stand auf und trat an das Bett, ganz nahe war er jetzt vor meinem Gesicht. Er hatte keinen angenehmen Atem. »Sie werden noch lernen, was schlimm ist.«

»Was wollen Sie überhaupt von mir? Was habe ich mit der Klimakatastrophe zu tun?«

»Jetzt kommen wir der Sache schon näher.« Der Mann setzte sich wieder. »Sie haben eine ganze Menge damit zu tun. Sehen Sie, meine Familie hat beschlossen, etwas gegen den Klimawandel zu unternehmen. Wir wollen weiter gute Geschäfte machen. Und wir lieben unsere Heimat. Wie sind Sie nach Neapel gekommen?«

»Ein Freund wollte hier seinen Geburtstag feiern, also haben wir einen Billigflug gebucht. War gar nicht teuer, nur hundert Euro hin und zurück.«

»Einen Billigflug. Sie fliegen 1300 Kilometer weit, nur

um mit einem Freund Geburtstag zu feiern, der eigentlich in derselben Stadt wohnt wie Sie. Haben Sie eine Ahnung, wie viel CO_2 Sie alleine auf dieser Reise in die Atmosphäre geblasen haben?« Hatte ich nicht, und der Mann wartete auch nicht auf meine Antwort. »320 Kilogramm. Und auf dem Rückflug werden es nochmal 320 Kilogramm sein.«

»So viel ist das auch wieder nicht.«

»Schweigen Sie! Leute wie Sie sind schuldig an dem, was bald mit unserer geliebten Stadt geschehen wird. Sie sind schuldig.«

»Schuldig? Nur weil ich einmal übers Wochenende weggeflogen bin? Das muss ein Missverständnis sein! Ich lebe sehr umweltbewusst! Hören Sie, ich habe noch nicht einmal ein Auto!«

»Wir wissen, dass Sie kein Auto haben. Wir wissen auch, warum Sie kein Auto haben. Erzählen Sie mir nicht, Sie hätten es aus Umweltbewusstsein abgeschafft. Sie haben sich noch nie für die Umwelt interessiert. Sonst hätten Sie doch niemals einen alten Golf gefahren! Sie haben ihn nicht etwa abgeschafft, weil Sie die Umwelt weniger verpesten wollten. Er war schlicht kaputt. Und die Reparatur hat sich nicht mehr gelohnt.«

»Woher wissen Sie das alles?«

»Wir wissen noch viel mehr über Sie. Als Ihr Auto noch funktionierte, sind Sie jeden Tag damit zur Arbeit gefahren – eine Strecke, die Sie ohne weiteres mit dem Fahrrad hätten zurücklegen können. 2000 Kilogramm CO_2 im Jahr, und wofür? Für Ihre Faulheit. Was für Strom kommt eigentlich bei Ihnen daheim aus der Steckdose?«

»Strom? Na Wechselstrom, wie überall.« Ich versuchte, mich dumm zu stellen – aber das war ein Fehler. Mein Bewacher wurde sichtlich wütend. Er fluchte. Ich hatte schon Angst, er würde mich schlagen wollen, als er abrupt aufstand. Aber er ging nur zur Tür, öffnete sie einen Spalt und sprach mit jemandem draußen. Ich bemühte mich, zu verstehen, über was sie sprachen, aber sie sprachen zu leise. Es schienen Anweisungen zu sein, präzise Anweisungen, Befehle. Der Mann schloss die Tür und setzte sich wieder, jetzt anscheinend entspannter.

»Wechselstrom, sagen Sie. So dumm können Sie doch gar nicht sein. Unsere Informanten sagen uns, dass Sie immer noch konventionellen Strom beziehen – aus Kohlekraftwerken. Erklären Sie mir: Warum tun Sie das?«

»Na ja, weil's billiger ist.«

»Weil es billiger ist? Sie finanzieren damit den weiteren Betrieb von Atom- und Kohlekraftwerken. Haben Sie eine Ahnung von den Risiken, die von der Atomkraft ausgehen? Wissen Sie eigentlich, dass fast die Hälfte des CO_2-Ausstoßes von Deutschland aus der Stromerzeugung und insbesondere aus Kohlekraftwerken stammt? Kennen Sie die Umweltschäden, die durch den Abbau und die Verbrennung von Kohle entstehen – und was das kostet? Sie erzählen mir, dass es für Sie zu teuer ist, auf Ökostrom umzusteigen – und können es sich trotzdem leisten, für ein Wochenende nach Neapel zu fliegen? Sie sind ein mutiger Mann, aber leider dumm.«

»Mein Kumpel sagt immer, man muss ganz viel Atomstrom verbrauchen, damit die Uranressourcen zur Neige gehen, und dann endlich kommen die erneuerbaren Energien zum Durchbruch.«

»So so, ein Witzbold sind Sie auch noch. Ja, Sie halten sich für besonders originell, Sie verstecken Ihre Verantwortungslosigkeit hinter Zynismus. Aber das zieht bei mir nicht. Konventioneller Strom, zum größten Teil aus einem Kohlekraftwerk – das sind weitere 1200 Kilogramm CO_2 pro Jahr auf Ihrem Konto.«

Der Mann war beängstigend gut informiert. Fehlte nur, dass er auch noch wusste … da klopfte es an der Tür. Mein Bewacher stand auf. Durch den Türschlitz wurde ihm ein kleiner Zettel gereicht. Er überflog den Inhalt des Zettels. Er setzte sich wieder und sah mich lange an, ohne ein Wort. Was stand auf dem Zettel? Endlich sprach er wieder.

»Mit Ihnen ist uns ein ganz dicker Fisch ins Netz gegangen. Ich weiß, was Sie letzten Winter getan haben.« Auch das noch.

»Sie waren in Argentinien – für lächerliche zwei Wochen. 12 000 Kilometer hin, 12 000 Kilometer zurück.« Ich versuchte gar nicht mehr, es abzustreiten. Nur erklären wollte ich es.

»Das war doch nur wegen der Hochzeit des Bruders meiner Freundin! Wir mussten dort hin!«

»Sie mussten also unbedingt persönlich den Ausstoß von 7500 Kilogramm CO_2 verursachen? Und nochmal so viel für Ihre Freundin? Und Sie sind noch schlimmer. Wir wissen, was Sie im nächsten Februar machen wollen.«

»Ich sage jetzt gar nichts mehr.«

»Das müssen Sie auch nicht. Sie haben den Flug schon gebucht. Nach Brasilien. Nochmal 20 000 Kilometer auf Ihrem Gewissen. Und weitere 6100 Kilogramm CO_2. Das macht insgesamt 11 640 Kilogramm allein im vergangenen Jahr. Mein lieber Freund, Sie stecken bis zum Hals in Schwierigkeiten. Luigi!«

Luigi war offenbar der Mann, der ihm gerade den Zettel gereicht hatte. Die Tür ging auf, Luigi kam herein und stelllte sich neben den Heiseren, der offenbar sein Boss war. Ich erkannte Luigi wieder. Es war der Kellner aus der Pizzeria von gestern Abend.

 **Was Sie tun können**

Stellen Sie mit einem Klima-Test[47] Ihren persönlichen CO_2-Ausstoß fest. Schämen Sie sich anschließend ausgiebig. Und dann versuchen Sie mal, durch Schummeln auf den umweltverträglichen Wert von 3,5 Tonnen CO_2 pro Jahr zu kommen. Viel Glück dabei.

»Luigi, was hast du noch herausgefunden über unseren Gast?«

»Wie wir vermutet haben, Chef. Er lebt mit seiner Freundin in einer viel zu großen Wohnung, fast hundert Quadratmeter. Keine spezielle Wärmedämmung. Und er isst fast jeden Tag Fleisch und achtet beim Einkaufen nicht darauf, ob die Lebensmittel aus der Region stammen.«

»Das Übliche also. Nochmal runde neun Tonnen Kohlendioxid dazu. 20 Tonnen CO_2 auf Ihrem Gewissen, und wenn wir Ihre schon gebuchte Brasilienreise dazurechnen, sind es sogar 26 Tonnen. Das Beste wäre, wenn wir ihn gleich aus dem Verkehr ziehen würden, was meinst du, Luigi?«

»Nichts lieber als das, Chef. Ich habe es Ihnen ja gleich gesagt. Wie der gestern noch über die Amerikaner geschimpft hat – dabei verbraucht er doppelt so viel wie

47 Zum Beispiel unter www.greenpeace-berlin.de/themen/energie/klimatest

der durchschnittliche Deutsche und mehr als der durchschnittliche Amerikaner.«

»US-Amerikaner, bitte.« Nur ein Versuch, wieder ins Gespräch zu kommen. Es heißt doch immer, man soll eine Beziehung zu seinen Entführern aufbauen, damit sie einen als Mensch wahrnehmen. Und Hemmungen entwickeln, mir an den Kragen zu gehen. Ich war, so schien es, verloren. Neapel sehen und sterben, heißt es – doch so hatte ich mir das nicht vorgestellt. Der Boss ignorierte meinen Einwand. »Bring ihn zu den anderen, Luigi. Wir kümmern uns später um ihn.«

Luigi, der Kellner, löste meine Fußfesseln und brachte mich aus meiner Zelle über einen schmalen Gang in einen größeren Raum. Auch hier war es dunkel, nur ein eingeschaltetes TV-Gerät in einer Ecke spendete etwas Licht. »Setz dich hin. Und halt die Klappe«, sagte Luigi. Dann schloss er die Türe hinter sich. Es waren vielleicht zwanzig Menschen im Raum. Es gab keine Stühle, alle kauerten im Halbdunkel auf dem Boden. Monoton drang eine Stimme aus dem Fernsehgerät. Es schien sich um ein Lehrvideo zu handeln.

»… der industriellen Revolution verstärkt der Mensch den natürlichen Treibhauseffekt durch den Ausstoß von Treibhausgasen. Die vorindustrielle Konzentration von CO_2 betrug 280 Teile pro Million. Dieser Wert ist, vor allem durch die Verbrennung fossiler Rohstoffe sowie durch großflächige Entwaldung, auf heute über 380 Teile pro Million gestiegen. Nach Messungen aus Eisbohrkernen ist dies die höchste Konzentration seit mindestens 650 000 Jahren, wahrscheinlich sogar schon seit 20 Millionen Jahren. In der Klimatologie ist es Konsens, dass diese gestiegene Konzentration der vom Menschen in die Erdatmosphäre freigesetzten Treibhausgase die wichtigste Ursache der globalen Erwärmung ist. Am ausgeprägtesten ist die Erwärmung von 1976 bis heute. Gemessen am Mittel der vergleichsweise kühlen Jahre 1880 bis 1920 stieg die globale Durchschnittstemperatur bis 2005 um beinahe 0,8 °C, davon allein 0,6 °C in den zurückliegenden 30 Jahren. In diesem Zeitraum nahm die globale Durchschnittstemperatur um ca. 0,17 °C pro Dekade zu …«[48]

Ich rückte näher an meinen direkten Nachbarn heran, einen jungen Mann um die dreißig. Ich glaubte, ihn wiedererkannt zu haben. War der nicht mit demselben Flieger aus Berlin nach Neapel gekommen? »Was wollen die von uns? Haben Sie dir auch vorgerechnet, wie viel CO_2 du ausstößt?« »Pssst! Sie haben gesagt, wir sollen die Klappe halten!«

Also hielt ich die Klappe. Und hörte zu. Und erfuhr, dass der Treibhauseffekt an sich nichts Schlechtes ist, weil ohne ihn gar kein Leben auf der Erde möglich wäre. Dass aber die menschlich erzeugten Treibhausgase, vor allem CO_2, den Effekt so verstärken, dass sich die Atmosphäre immer weiter aufheizt. Und dass sich dadurch unser Klima verändern wird. Durch die Wärme werden sich Krankheiten, die wir bisher nur aus den Tropen kennen, auch in jetzt noch kühleren Regionen ausbreiten. Der Meeresspiegel, der jetzt schon alle zehn Jahre um drei Zentimeter ansteigt, wird noch weiter steigen – in Küstennähe gebaute Städte und ganze Inseln werden überschwemmt und letztlich unbewohnbar. Die Meere müssen immer mehr CO_2 aufnehmen und versauern dadurch, was wiederum die Korallen bedroht, weil sie durch die Versauerung keine schützen-

48 Siehe de.wikipedia.org, Stichwort »Globale Erwärmung«.

de Kalkschicht mehr bilden können, so wie viele andere Kleinstlebewesen auch – und keiner kann sagen, was passiert, wenn das Ökosystem der Weltmeere zusammenbricht. Im Sommer wird es immer heißer werden und kein Regen wird fallen – dafür im Winter umso mehr. Die Dürre wird Ernteausfälle mit sich bringen und die Unwetter im Winter werden die Küsten überschwemmen. Es hat bereits angefangen. Durch die erhöhte Meerestemperatur entstehen nachweislich jetzt schon mehr und stärkere Wirbelstürme, die mit großer Zerstörungskraft an Land ziehen. Bis zum Jahr 2100 werden wir für die Folgen des menschengemachten Klimawandels bis zu zwanzig Prozent der weltweiten Wirtschaftsleistung bezahlen müssen – dabei würde es nur ein Prozent kosten, die Folgen jetzt einzudämmen.[49]

Keine Ahnung, wie lange ich der monotonen Stimme schon zugehört hatte. Nach und nach waren einige meiner Mitgefangenen aus dem Vorführraum geholt worden, andere waren dazugekommen. Jetzt ging die Tür wieder auf. Luigi kam auf mich zu. »Jetzt du. Komm. Der Chef will dich nochmal sprechen.«

Er brachte mich zurück über den Flur in die erste Zelle, in der ich heute Morgen aufgewacht war. Wie viel Zeit mochte seither vergangen sein? Ob sich meine Freundin schon Sorgen machte? Würde ich sie wiedersehen? Der Boss wartete schon auf mich. Er saß auf seinem Stuhl, ich musste mich wieder auf das Bett legen. Luigi kettete mich an. »Ich sehe, Sie haben es mit der Angst zu tun bekommen. Hat Ihnen unser kleiner Film gefallen?«

49 Nach einer Schätzung des im Auftrag der britischen Regierung erstellten Stern-Reports, siehe www.hm-treasury.gov.uk/independent_ reviews/stern_review_economics_climate_change/sternreview_index. cfm

»Ja, sehr interessant, wirklich. Sehr eindringlich. War mir bisher alles noch gar nicht so klar gewesen. Jetzt weiß ich Bescheid. Und ich werde mich ändern, versprochen. Kann ich jetzt gehen?«

Da lachte der Mann mit der heiseren Stimme. Es war kein fröhliches Lachen und auf keinen Fall ansteckend. »So seid ihr. Ihr denkt, mit einem kleinen Bekenntnis ist es getan. Wer sagt mir, dass Sie sich wirklich ändern? Ich kenne Ihre Art. Sie gehen hier heraus, sind froh, dass Sie davongekommen sind, und dann nehmen Sie das nächste Taxi zum Flughafen. Wahrscheinlich ändern Sie nichts. Sie denken, das sei alles nur ein böser Traum gewesen. Aber das ist nicht so.«

»Aber wie kann ich Sie davon überzeugen, dass ich es ernst meine?«

»Das müssen Sie nicht. Wir werden uns selbst davon überzeugen. Wir werden Sie im Auge behalten. Sie werden uns nicht sehen und nicht hören. Aber wir werden genau wissen, was Sie tun. Sie haben gesagt, Ihre Freundin kommt aus Argentinien? Aus Buenos Aires, nicht wahr? So eine hübsche Freundin. Und so eine schöne Stadt. Wäre doch schade, wenn ihr eine Naturkatastrophe zustoßen würde? Wenn sie eines Tages plötzlich vom Meer verschluckt würde?«

»Wer? Buenos Aires? Oder meine Freundin?«

»Das liegt ganz bei Ihnen, mein Freund.«

»O.K., O.K., ich habe verstanden. Was kann ich tun?«

»Sie werden Ihren persönlichen CO_2-Ausstoß auf ein erträgliches Maß vermindern. Das Klima verträgt keine Menschen, wie Sie einer sind. Jeder Einwohner dieses Planeten dürfte nur 3,5 Tonnen CO_2 pro Jahr produzieren, damit sich das Klima langfristig erholt. Das ist bei Ihnen hoffnungslos. Aber Sie sollten wenigstens unter den deutschen Durchschnitt von 10,3 Tonnen kommen. Sie werden darunterkommen, nicht wahr? Ganz sicher werden Sie darunterkommen, wäre doch sehr schade sonst.«

»Ganz sicher. Aber wie?«

»Das müssen Sie selbst wissen. Informieren Sie sich. Und jetzt: Verschwinden Sie. Luigi, bring ihn zurück. Vergessen Sie nicht, mein Freund: Wir werden Sie im Auge behalten. Sie denken vielleicht, in Berlin gibt es viele Arbeitslose. Aber manche arbeiten für uns.«

»Ja, ja, natürlich. Danke, dass Sie mich gehen lassen. Ich werde niemandem von Ihnen erzählen, darauf können Sie sich verlassen.«

»Nein, nein, erzählen Sie von uns! Erzählen Sie es ruhig jedem!« Das heisere Lachen des Mannes sollte mich noch lange verfolgen.

Aber immerhin, sie ließen mich wieder frei. Als ich ins Hotel kam, schlief meine Freundin noch tief und fest. Es war erst neun Uhr am Morgen und ich kam gerade rechtzeitig, um sie zum Frühstück zu wecken. Wir packten und fuhren zum Flughafen. Beim Einchecken fragte uns die freundliche Easyjet-Mitarbeiterin, ob wir Gepäck aufzugeben hätten? Beinahe hätte ich geantwortet: Schweres Übergepäck. 320 Kilogramm Kohlendioxid lagen schwer auf meiner Seele – und das waren nur die vom Rückflug. Aber es war, wie der heisere Mann vorausgesagt hatte. Im Flieger schlief ich ein, und als wir in Berlin landeten, da dachte ich schon, alles sei nur ein Traum gewesen. Aber dann, als wir gerade in ein Taxi nach Hause steigen wollten, fiel mir dieser seltsame Mann mit der Zeitung auf, der da einfach nur stand und die Leute beobachtete. Auf der Titelseite seiner Zeitung ging es um den Klimawandel, ich konnte es genau sehen. Wir nahmen dann doch lieber die U-Bahn.

Und daheim machte ich Ernst. Beim Autofahren konnte ich kaum noch etwas einsparen – schließlich hatte ich gar kein eigenes Auto mehr. Meine Entführer hatten zwar recht, ich hatte es keineswegs aus Umweltbewusstsein abgeschafft, tatsächlich hatte ich es noch nicht einmal selbst abgeschafft – es war einfach zu alt und eines Winters nicht mehr angesprungen. Vermisst habe ich ihn nie, meinen lieben alten Golf. Einkaufen können wir prima zu Fuß, es gibt vier Supermärkte in Laufweite zur Auswahl. Zur Arbeit fahre ich mit der U-Bahn oder dem Rad – und auch wenn ich deshalb kaum abgenommen habe, ein besseres Gefühl ist es doch. Wenn wir uns abends mit Freunden treffen, ist Alkohol kein Problem mehr – jedenfalls nicht wegen der Fahrtüchtigkeit. Benzinpreiserhöhungen sind mir völlig egal geworden. Kraftfahrzeugsteuer? Hinauf damit! Und das Beste an der Sache: Der Polizeipräsident von Berlin schreibt mir keine Briefe mehr, in denen er mich auffordert, meine Falsch-Parken-Strafe zu zahlen. Überhaupt: nicht mehr parken müssen! Keine Parkplatzsuche mehr. Nicht mehr fünfmal um den Block fahren und den Typen verfluchen, der mir gerade den einzigen freien Parkplatz vor der Nase weggeschnappt hat. Ich hätte es niemals zugegeben, als ich noch ein Auto hatte – aber man braucht einfach keines in der Großstadt. Die eingebildete Zeitersparnis bei der Benutzung eines Autos wird durch die Parkplatzsucherei komplett zunichte gemacht. Und ein paar Tüten schleppen hat noch niemandem geschadet.[50]

---

50 Wobei ich selbstverständlich weiß, dass es Menschen gibt, die auf ihr Auto angewiesen sind. Und ich möchte überhaupt nicht aus-

Doch mit einem abgeschafften Auto konnte ich kein CO_2 mehr einsparen. Und noch immer lagen meine 20 000 Kilo Kohlendioxid als Schatten auf meinem Gewissen. Aber auch ohne Auto: Da gab es genügend Potenzial.

Zum Beispiel beim Strom, da hatte mein Entführer sicher recht. Atomkraft war mir unheimlich, seit ich als Kind im Kunstunterricht am laufenden Band Bücher von Gudrun Pausewang[51] vorgelesen bekam und dazu Bilder malen musste. Den Strom, den ich von dem skandinavischen Energiekonzern Vattenfall bekam, hielt ich sogar für einigermaßen O.K. – kein Atomstrom, immerhin. Dafür Kohle. Aber der Vattenfall-Konzern warb damit, dass er demnächst ein CO_2-freies Kohlekraftwerk bauen wollte. CO_2-frei, das hört sich doch gut an. Tatsächlich ist die Sache aber nicht so einfach. Denn das Kraftwerk arbeitet selbstverständlich nicht CO_2-frei. Das CO_2 wird nur nicht sofort in die Atmosphäre geblasen, sondern bei der Verbrennung abgetrennt und verflüssigt. Und dann muss dieses CO_2 gelagert werden, unter der Erde, unter dem Meer, irgendwo. Es ist damit aber nicht weg – sondern nur verräumt. Und wehe, das CO_2-Depot bekommt ein Loch und das böse Gas gelangt doch noch in die Atmosphäre – der ganze Effekt ist dahin. Hmmm … eine »saubere« Energiequelle, deren Müll man für unbegrenzte Zeit vergraben muss, damit er keinen Schaden anrichtet … das hörte sich verdammt bekannt an. Da hätte ich gleich auf puren

schließen, dass ich mir irgendwann wieder eines kaufen werde. Wahrscheinlich, sobald wir Kinder haben. Aber dann wird es ein wunderbar energiesparendes Modell sein, versprochen!

51 Zuerst »Die letzten Kinder von Schewenborn« und dann auch noch »Die Wolke« und dann war es um mein Vertrauen in das Atom als solches aber so was von geschehen.

Atomstrom umsteigen können. Der ist immerhin tatsächlich CO_2-frei. Nein, es blieb nur der Ökostrom.

Im vergangenen Jahr haben wir zu zweit etwa 1800 Kilowattstunden Strom verbraucht, das ist im Durchschnitt relativ wenig. Um den Strompreis hatte ich mich nie besonders gekümmert.[52] Unser Stromtarif bei Vattenfall nannte sich »Berlin Klassik« und kostete 17,84 Cent pro Kilowattstunde, dazu kamen 4,79 Euro Grundgebühr pro Monat – wir zahlten also rund 378,60 Euro im Jahr. Da die Stromanbieter mittlerweile gesetzlich verpflichtet sind, genau anzugeben, aus welchen Quellen der gelieferte Strom kommt, konnte ich ausrechnen, wie viel CO_2 wir mit »Berlin Klassik« produzierten: etwa 1,2 Tonnen jährlich.[53] Das konnten wir einsparen. Das Einfachste wäre gewesen, bei Vattenfall auf den Tarif »ÖkoPur« zu wechseln – bei diesem wird der Strom zu hundert Prozent aus regenerativen Energien, also Wind, Wasser, Sonne oder Erdwärme gewonnen. Und die Überraschung dabei: Mit einem etwas niedrigeren Kilowattpreis und einer etwas höheren Grundgebühr wäre »ÖkoPur« ganze 4,32 Euro teurer gewesen – im Jahr. Ein leicht verbessertes Gewissen zum Preis einer Schachtel Zigaretten. Mit dem Tarif »eprimoPrimaKlimaB« hätte ich sogar noch Geld sparen können: Strom, der zu hundert Prozent aus Wasserkraft hergestellt wurde, zu einem Preis, der um 22,16 Euro billiger war als der Drecksstrom, den wir bisher bezogen. Konnte es so einfach sein?

So einfach war es selbstverständlich nicht. Denn beim

52 Sonst hätte ich den Strom wesentlich billiger haben können – aber mit einem großen Anteil Atomstrom. Pfui!
53 Das kann übrigens jeder ganz einfach unter www.verivox.de für seinen eigenen Tarif nachrechnen.

Strom kommt es nicht nur darauf an, woraus er hergestellt wird – sondern auch darauf, wer ihn herstellt. Denn zur Zeit wird immer noch mehr Ökostrom ins Netz eingespeist, als tatsächlich von den Kunden nachgefragt wird (was damit zusammenhängt, dass alle Stromanbieter per Gesetz[54] verpflichtet sind, einen gewissen Anteil ihres Gesamtangebots aus sauberen Quellen einzukaufen – zur Zeit elf Prozent). Das bedeutet: Mein Wechsel zu Ökostrom bewirkt nicht, dass demnächst ein Kohlekraftwerk oder ein AKW geschlossen wird oder auch nur eine einzige neue umweltfreundliche Stromerzeugungsanlage gebaut wird. Jedenfalls nicht, wenn ich meinen Ökostrom bei einem Anbieter einkaufe, der auch umweltschädliche Stromquellen verwendet. Das Geld, das ich bezahle, wird stattdessen in konventionelle Kraftwerke investiert, in meinem Fall bei Vattenfall beispielsweise in das zweifelhafte »CO_2-freie« Kohlekraftwerk. Jedenfalls so lange, bis die Mehrheit der Kunden Ökostrom haben will und die Anbieter ihren konventionellen Strom nicht mehr loswerden. Erst dann werden sie in neue Ökostromanlagen investieren. Bis dahin ist es nur eine per Gesetz erzwungene Saubermannmaske: Die großen Stromkonzerne haben zwar allesamt eine Sonnenblume im Vorgarten stehen – aber im Hinterhof rauchen die Kohlekraftwerke und strahlen die Atome. Mit so einem Deal in der Tasche brauchte ich mich in Neapel nicht mehr blicken zu lassen. Also machte ich mich auf die Suche nach einem wirklich sauberen Anbieter. Und auch die gibt es. Anbieter, die nicht nur sauberen Strom verkaufen, sondern auch unabhängig sind von den großen Kraftwerksbetreibern und einen Teil ihres Geldes

54 Genauer: nach dem Erneuerbare-Energien-Gesetz, kurz EEG.

in Klimaschutzprojekte und saubere Anlagen investieren. Allerdings sind die etwas teurer als die anderen. Und das war ein Problem.

Denn hier bewegen wir uns über die zweite Schwelle. Jene vom gedankenlosen Stromverbraucher zum Ökostrom-Interessierten hatte ich schon überschritten. Jetzt stand ich vor der Schwelle vom Ökostrom-Interessierten, der nur sein Gewissen beruhigen wollte, zum politischen Ökostrom-Konsumenten, der wirklich etwas verändern will – nicht nur sauberen Strom beziehen, sondern auch dafür sorgen, dass mehr Ökostrom produziert wird, auf dass irgendwann nur noch Ökostrom produziert werde und die Welt eine bessere. Man kann auch sagen: Ich überschritt die Schwelle von der Vernunft zum Wahnsinn und wurde verrückt. Auch wenn sie es nicht sagte, aber das ist es – ihrem Gesichtsausdruck nach zu schließen – wohl ungefähr, was meine Freundin dachte, als ich ihr eröffnete, dass wir demnächst zum Stromanbieter »Lichtblick«[55] wechseln würden, wo wir im Jahr glatte 48 Euro mehr zu bezahlen hätten als bisher. Nun sind 48 Euro pro Jahr wahrlich nicht die Welt, und ich könnte mindestens zwanzig Dinge aufzählen, für die ich jedes Jahr mehr Geld ausgegeben hatte, die aber wesentlich weniger sinnvoll waren, wenn nicht sogar völlig sinnlos. Es ist mir zu peinlich, sie jetzt aufzulisten, aber das können Sie ja für sich selbst tun.

---

55 Das ist, jedenfalls zur Zeit und für uns, der günstigste »echte« Ökostromanbieter. In Frage kämen außerdem noch »Naturstrom«, »Greenpeace Energy« sowie die Elektrizitätswerke Schönau, welche aus nostalgischen Gründen vielleicht noch besser wären, weil ich in der Nähe geboren bin. Näheres, nicht zu meiner Geburt, sondern zu den Anbietern, unter www.atomausstieg-selber-machen.de

 **Was Sie tun können**

Listen Sie zehn Gelegenheiten auf, bei denen Sie im vergangenen Jahr sinnlos 50 Euro ausgegeben haben. Sie kommen auf mindestens zwanzig? High Five, Bruder! Oder Schwester. Wir haben offenbar einiges gemeinsam. Und wenn es nur schlechte Angewohnheiten sind.

Aber darum ging es ihr gar nicht. Sie hatte da nur so eine Ahnung. Es ist nämlich so: Bei uns beiden bin ich eher der, wie soll ich sagen, finanziell weniger Berechenbare. Jetzt ginge es also los mit Ökostrom, wer weiß, was als Nächstes käme? Nur noch Öko-Food? Keine Brasilien-Reise? Und wäre nicht ich derjenige, der immer und überall das Licht anlässt und die Heizung nicht ausschaltet, bevor er schlafen geht? Es war – und ist – ja nicht so, dass wir arm wären. Aber reich waren wir beileibe auch nicht. Wollten wir nicht lieber etwas sparen, für die Zukunft?

Ja, sagte ich, für die Zukunft, das ist ein Wort. Die Klimakatastrophe, das sei die Zukunft. Ich hätte ihr an dieser Stelle weitschweifig von meinem unangenehmen Erwachen in Neapel erzählen können, von den beiden Kidnappern, von der Mafia, die uns beobachtete, die sie und ihre Stadt mit dem Untergang bedrohte, aber meine Freundin kennt meine Spinnereien zu gut, um sie mir abzunehmen. Und sie hatte ja recht: Bei tausend anderen Gelegenheiten machte ich mir nicht einen einzigen Gedanken. Ich ernährte mich schlecht. Ich kaufte billige Kleidung, die wahrscheinlich von Kindern zusammengenäht worden war. Und jetzt wollte ich plötzlich zum obsessiven

Klimaschützer werden? Was blieb mir übrig? Ich sagte die Wahrheit: »Ich kann nicht anders. Jetzt habe ich angefangen, mir über den Klimaschutz Gedanken zu machen. Und wenn man einmal angefangen hat, sich Gedanken zu machen, dann kann man nicht mehr zurück.« Ich weiß nicht, ob sie das überzeugt hat. Jedenfalls wechselten wir das Thema. Und ich einige Tage später unseren Stromanbieter. Zack, 1,2 Tonnen CO_2 gespart und noch etwas für den Regenwald getan[56]. War doch gar nicht so schwer. Hoffentlich bin ich in diesem Moment nicht zu einem von diesen demonstrativ guten Menschen mutiert, die ihren Heiligenschein wie eine Krone mit sich herumtragen. Die kann ich nämlich nicht leiden.

Andererseits: Da drohte noch keine Gefahr. Was waren schon 1,2 Tonnen von zwanzig? Nicht besonders viel. Der größte Teil meiner CO_2-Schuld ging auf die beiden Transatlantikflüge, der eine schon geschehen, der andere im nächsten Urlaub. Buenos Aires, São Paulo. Und nicht zu vergessen: Neapel. Wie konnte ich Neapel vergessen! Die Flüge abzusagen kam nicht in Frage. Buenos Aires und Neapel waren sowieso schon geschehen. Und auf São Paulo wollte ich auf keinen Fall verzichten. Was tun? War ich hoffnungslos verloren?

Nicht ganz. Denn was den Klimaschutz betrifft, befinden wir uns am Anfang des 21. Jahrhunderts gewissermaßen noch im tiefsten Mittelalter. Auch damals wurde im Abendland schwer gesündigt, zwar nicht so sehr gegen das Klima, aber gegen Gott und seine zehn Gebote. Und weil die armen Christen ungeheure Angst vor dem Fegefeuer

56 Den schützt Lichtblick nämlich auch noch in meinem Namen, und zwar einen Quadratmeter pro Monat und Vertrag.

hatten, in dem sie je nach Schwere ihrer Sünden viele Jahre schmoren sollten, bis sie endlich in den Himmel kommen würden, waren sie bereit, im Leben noch Buße zu tun, auf dass ihre Seele nicht weich gekocht würde – so wie ich heute in Angst vor der heißglühenden Klimakatastrophe lebe und auch bereit bin, Buße zu tun. Die katholische Kirche, um gute Ideen nie verlegen, entwickelte eine Möglichkeit, die einerseits ihre Finanzen aufbesserte und andererseits den armen Sündern den Druck von der Seele nahm – den Ablass. Kurz gesagt ging es bei diesem Konzept um Folgendes: Du zahlst der Kirche einen gewissen Betrag an Geld. Und die Kirche sorgt dafür, dass dir Gott im Gegenzug eine gewisse Menge Sünden erlässt. Wer reich genug war, konnte sich beispielsweise ein Heer von Büßern mieten, die für ihn fasteten, sodass die Zeit von sieben Jahren im Fegefeuer flugs in drei Tagen abgefastet war.

Für seelengepeinigte Flugreisende wie mich erledigt diesen Dienst heute die Webseite www.atmosfair.de nach gut bewährter katholischer Methode: Man gibt seinen Abflughafen ein und den Zielort, dazu noch Daten zu eventuellen Umstiegen, zur Beförderungsklasse und zum Flugzeugtyp – und in weniger als einer Sekunde errechnet der Emissionsrechner, wie viel Geld zu spenden ist, damit die, in meinem Fall, 15 380 Kilo CO_2 vom Gewissen gewischt werden. In meinem Fall: 309 Euro. Schluck. Wie machen die das?

Fairerweise muss man sagen: Der Vergleich ist nicht korrekt. Während das Ablassgeld im Mittelalter wohl kaum direkt dem lieben Gott zur Verfügung gestellt wurde, sondern im Zweifelsfall einem kirchlichen Würdenträger zur Finanzierung seines aufwändigen Lebensstils diente, wird mein Klimaschutzgeld von Atmosfair nachweisbar zur

Einsparung von CO_2 benutzt. Atmosfair gibt zum Beispiel einem Tempel in Indien 15 000 Euro, damit der sein Wasser nicht mehr mit Dieselbrennern erhitzt, sondern mit Solarspiegeln[57]. In zehn Jahren Solarspiegelbetrieb werden damit jährlich 40 000 Liter Diesel gespart oder umgerechnet 1000 Tonnen Kohlendioxid. 15 Euro sparen in diesem Rechenbeispiel also eine Tonne CO_2, dazu kommen noch die Verwaltungsaufwendungen von atmosfair – so errechnen sich meine 309 Euro. 309 Euro. Schluck. Und was bekomme ich dafür? Ein blaues Zertifikat per E-Mail, das ich mir ins Wohnzimmer hängen könnte. Was ich aber niemals tun würde. Zu peinlich.

Man muss nicht Martin Luther heißen, um zu erkennen, dass die ganze Sache Augenwischerei ist. Nicht fliegen – das wäre die einzige reale Möglichkeit, das Kohlendioxid einzusparen. Aber ich war doch schon geflogen. Und ich wollte und würde wieder fliegen. 309 Euro. Schluck.

Und so sitze und schlucke ich heute noch. Und überlege mir – was ist schlimmer? Die Rache der Neapolitaner? Oder dass mich meine Freundin für völlig übergeschnappt halten wird, wenn ich einen nicht unwesentlichen Teil unseres Monatsbudgets in ein blaues Papier investiere, das ich mir auch noch selbst ausdrucken müsste? Habe ich mir die Neapolitaner nicht vielleicht doch nur eingebildet? »Zur Zahlung« steht auf dem grünen Button auf der atmosfair-Homepage. 309 Euro. O Mann.

Unten auf der Straße, ich kann es von meinem Fenster am Schreibtisch genau sehen, fährt gerade eine schwar-

57 Fragen Sie mich nicht, wozu in einem indischen Tempel Unmengen von heißem Wasser gebraucht werden – für Suppe vielleicht? Oder Yogi-Tee? Ich habe keine Ahnung. Aber das ist nun mal das Beispiel, mit dem www.atmosfair.de sein Modell erklärt.

ze Limousine im Schritttempo vor. Sie hält vor unserem Haus. Ein Mann steigt aus. Das ist doch … er sieht aus wie unser ehemaliger Umweltminister Jürgen Trittin. In der einen Hand hält er einen Bolzenschneider. In der anderen einen Schlagstock. Er kommt auf unseren Hauseingang zu …

Zorn
**Wählen und Quälen.
Endlich unternimmt jemand etwas
gegen diese Arschlöcher**

*Er ruft meist am späten Nachmittag an. Mit jedem Ton des an-
schwellenden Dreiklangs meines Telefons hämmert es in meinem Hirn, geh nicht ran, er wird es sein, sei nicht blöd, du bist
nicht da. Würde ich nur auf mich hören. Manchmal macht er am
Anfang eine kleine Pause, um dann einen spitzen Ton wie einen
Schuss in mein Ohr zu pressen: »Schock!«*

*Da knallt es schon wieder: »Ja, Schock! hier. Endlich erreiche
ich Sie mal.« »Äh, ja. Herr Schock?« Das ist ein Ritual: Ich stelle mich blöd, erinnere mich nicht an seinen Namen und sein Anliegen, damit er seine doofe Geschichte immer wieder von vorne
erzählen muss. »Wissen Sie nicht mehr? Der Tom hat gesagt,
ich soll Ihnen mal unter die Arme greifen. Sie kennen doch den
Tom. Dann kennen Sie auch seine Freundin, die Vroni. Und ich
bin Vronis Vater.«*

*Der Schock! möchte mir eine »Analyse« erstellen. Er will,
dass ich bei ihm erscheine und alle Papiere mitbringe. Ich werde
diesem Mann aber keine Papiere bringen. Ich will auch keine
Versicherung. »Warum sagst du ihm nicht einfach, dass du von
ihm nicht beraten werden willst?«, fragte mich kürzlich die Kol-
legin C. Aber dafür ist es jetzt zu spät, viel zu spät. Klar wollte
ich ihn loswerden. Ich habe ihn vertröstet, mit dem Argument,
ich müsse mich erst über ihn erkundigen.*

*Stunden später rief der Schock! wieder an. »Ja, Schock! hier,
ich habe ja den ganzen Abend neben meinem Telefon gesessen
und auf Ihren Rückruf gewartet.« Ich stotterte. Man hätte mir*

abgeraten. »Tja, manchmal muss man eben wissen, ob und wem man wirklich trauen kann.« Während mich sein Gedanke noch faszinierte, reifte ein anderer in mir. Ich würde den Schock bitten, doch statt meiner »dem Tom« wieder ein wenig »unter die Arme« zu greifen. Als ich wieder aufmerksam war, befanden wir uns bereits mitten in einer Terminabsprache.

Nach dem Gespräch konnte ich es nicht fassen: Ich hatte mich für Mittwoch beim Schock! angemeldet und wollte, klangen mir meine Worte noch im Ohr, »alle Papiere mitbringen«. Was jetzt? Ich wählte die Nummer des Schock!, um ihm abzusagen. Es klingelte lange. Schock! schien sich in einem entlegenen Teil seines Terrorimperiums zu entspannen. Da hob er plötzlich ab. Eine vollkommen veränderte Stimme meldete sich, grauenhaft knarzend, lauernd und abweisend: »Schock?« Das war doch nicht der Schock! Nein, mit diesem Menschen konnte ich nicht sprechen. Ich legte auf.

Wenig später hatte ich einen genialen Plan: Am offenen Fenster aktivierte ich mein Mobiltelefon – Schock! sollte denken, ich sei auf Reisen. Mein Nachbar mähte gerade den Rasen. »Herr Schock, ich muss sofort aus dem Haus. Nein, eigentlich bin ich schon unterwegs, wie Sie hören, höhö. Überraschender Urlaub. Kurzfristig nach Berlin. Urlaub in Berlin, wo ich dann auch einen Arzt aufsuchen muss. Ja, und auch Arbeit, es tut mir herzlich leid, auf Wiederhören.« Aber nicht mit dem Schock! »Ja, Berlin. Da habe ich früher auch einmal gearbeitet, da war die Vroni ja noch klein. Kennen Sie die Axel-Schweiß-Allee?« Der Schock! sülzte mich gnadenlos zu. Für 1,89 Mark die Minute. Ich war gelähmt. Schock! vertiefte derweil meine Kenntnis seiner Berliner Lebensumstände. Er werde sich wieder melden. Seither sind drei Wochen vergangen. Ich warte.

Stimmt gar nicht. Ich warte schon lange nicht mehr, zum Glück. Bin in Berlin geblieben. Diese Geschichte[58] ist bald zehn Jahre alt. Damals dachte ich noch, es sei lustig, über Telefonterror zu schreiben. Den Anrufer gab es wirklich, er hieß tatsächlich Schock und gab sich als Vater der Freundin meines Freundes Tom aus, was allerdings gelogen war. Nur der Schluss der Episode ist in Wahrheit dieser: Nachdem mich Herr Schock wiederholt telefonisch belästigt hatte, schrieb ich ihm einen ernsten Brief und teilte ihm mit, dass ich keine Anrufe mehr von ihm wünsche. Daraufhin war Ruhe. Herr Schock hat nie wieder angerufen. Das war 1998.

Damals hat es angefangen. Jetzt rufen sie ständig an. Immer kurz nach Feierabend, wenn ich gerade nach Hause gekommen bin. Aber nicht nur dann. Sondern jederzeit. Zum Beispiel jetzt, während ich diese Zeilen schreibe. Wie bestellt. Einen kleinen Moment bitte, ich gehe eben schnell ran. Dauert sicher nicht lange.

 **Was Sie tun können**

Sie wollen endlich Ruhe? Folgen Sie diesen drei Regeln – und Sie werden garantiert nie wieder mit unerwünschter Werbung belästigt.

1. Gehen Sie unter keinen Umständen ans Telefon.
2. Öffnen Sie Ihre Türe nicht.
3. Verzichten Sie auf Post (auch elektronische) und Medienkonsum.

---

58 taz, die tageszeitung vom 29. Oktober 1998.

Sorry. Da bin ich wieder. Es war eine Frau vom Wasch-bär-Versand dran. Vor einigen Wochen hatte ich mir von dieser Firma einen Katalog kommen lassen und sie wollte wissen, ob ich mir schon etwas ausgesucht hätte. Es gebe nämlich gerade eine Aktion und wenn ich jetzt bei ihr bestellen würde, müsste ich keine Versandkosten bezahlen. Ich hatte mir aber nichts ausgesucht. Ob sie mich denn nächste Woche nochmal anrufen dürfe, wollte sie wissen. Nein, da sei ich in Urlaub, sagte ich. Ob sie mich denn überhaupt nochmal anrufen dürfe, wollte sie wissen? Eigentlich lieber nicht, sagte ich. Gut, sagte sie, dann kommen Sie jetzt auf unsere Telefon-Sperrliste und wir werden Ihnen nur noch schriftliche Angebote zu-kommen lassen, sagte sie. Ich bedankte mich. Sie eben-falls, wünschte mir einen schönen Urlaub, und wir ver-abschiedeten uns.

Das war ein Anruf der Kategorie eins auf meiner per-sönlichen Telefon-Terror-Skala. Die Kategorie eins ist wie folgt definiert: Es gibt einen Grund, warum ich angerufen werde (ich habe mich schließlich aktiv für die Angebote der Firma interessiert). Das Anliegen wird klar vorgetra-gen. Mein Wunsch, keine weiteren Anrufe zu erhalten, wird akzeptiert. Das Gespräch findet in einer höflichen, freundlichen Atmosphäre statt. Ich bin der Anruferin nicht böse und auch nicht der Firma, die hinter der Anru-ferin steht. Tatsächlich hat sie mich daran erinnert, mal in diesen Katalog hineinzusehen und mir vielleicht wirklich etwas zu bestellen. Wenn alle Anrufe so ablaufen würden, wäre alles gut. Ist aber nicht alles gut. Moment, das Tele-fon klingelt schon wieder. Ich gehe mal schnell ran.

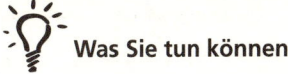 **Was Sie tun können**

Sympathischen Menschen, für deren Produkte Sie sich sowieso interessieren, könnten Sie ruhig mal etwas abkaufen. Ist ja auch gut für die Wirtschaft. Und wer weiß? Vielleicht können Sie das Produkt sogar gebrauchen.

Da bin ich wieder. Diesmal war es eine Frau – der Stimme nach nicht mehr die Jüngste. Sie klang sehr beschwingt, als sei sie mit mir verwandt und freue sich, dass ich sie endlich einmal wieder angerufen habe. Immerhin hat sie mich gesiezt. »Wissen Sie noch, wer ›Junge, komm bald wieder‹ gesungen hat?«, hat sie gefragt, aber darauf bin ich nicht eingegangen. Ich weiß nicht, was sie von mir wollte. Wahrscheinlich hätte die Beantwortung der Frage dazu geführt, dass ich eine kleine Überraschung gewonnen hätte und ein Mitarbeiter würde demnächst vorbeikommen und sie mir bringen. Wann ich denn Zeit hätte? Und dann hätte mir dieser Mitarbeiter etwas verkaufen wollen, ich tippe mal auf eine Versicherung. Aber ich weiß es nicht, weil ich das Gespräch vorher beendet habe. Höflich. Und die Frau mit der junggebliebenen Stimme und der Freddy-Quinn-Frage war ebenfalls höflich. Sie klang dabei etwas enttäuscht. Das war ein Anruf in der Kategorie zwei.

Kategorie zwei ist die Mitleidsnummer unter den Werbeanrufen. Die Frau tat mir einfach nur leid. »Noch viel Erfolg«, habe ich ihr sogar gewünscht. Es sollte aufmunternd klingen. Und ich habe ihr den Erfolg tatsächlich gewünscht. Die arme Frau. Muss sich mit solchen Anrufen etwas Geld verdienen. Eine aus dem Heer der ganz kleinen Lichter in deutschen Call-Centern, die für fünf Euro[59] pro Stunde sogenannte Outbound Calls machen müssen, Cold Calls, um wildfremden Menschen, die sich oft gestört fühlen oder gestört werden, Dinge zu verkaufen, die diese nicht brauchen oder wollen. Und wenn es dann noch eine ältere Frau ist, dann rührt mich ihre blöde Masche mehr, als sie mich ärgert. Einmal hätte ich einer armen alten Frau beinahe einen Internet-Anschluss mit Telefon-Flatrate abgekauft, aus reinem Mitleid. Weil sie sich solche Mühe gab. Aber zum Glück nur beinahe. Die jungen Anrufer sind fast genauso erbärmlich. Es ist ein Kurzhörspiel mit dem Titel »Prekariat«, auch wenn dieses Wort nicht vorkommt und der Anrufer, ein junger Mann, sagt: »Hier ist die Wirtschaftskanzlei Soundso, wollen Sie an einer Umfrage teilnehmen?« Schon beim ersten Ton ist klar: Das ist ein anderweitig vollkommen perspektivloser Loser. Im besten Fall vielleicht ein Student, vielleicht hat er sein Studium auch schon abgeschlossen. Hat Praktikum an Praktikum gereiht, aber eine richtige Anstellung ist nie daraus geworden. Irgendwoher muss das Geld ja kommen für die Miete und die Biere. Die Eltern machen auch schon Druck. Hey, und so schlecht ist es doch gar nicht im Call-Center. Die Branche zeichnet sich durch eine ungewöhnlich hohe Fluktuation der Mitarbeiter aus. Das bedeutet zwar einerseits, dass es die Leute nicht lange in diesem Job aushalten, aber andererseits bedeutet es für diejenigen, die aushalten: Auf dem Arbeitsplatz nebenan sitzt mit hoher Wahrscheinlichkeit oft eine neue Studentin oder ein Student, mit

59 Mancherorts auch acht Euro (jeweils brutto), und mit steigender Qualifikation wesentlich mehr (Anwälte, Astrologen, Wahrsager).

denen locker angebandelt werden kann.[60] Soll ja nicht für die Ewigkeit sein. Und nebenher kann man sich immer noch als MTV-Moderator bewerben.

 **Was Sie tun können**

Warum immer nur angerufen werden? Machen Sie die Direktmarketing-Erfahrung. Rufen Sie mindestens fünf entfernte Bekannte an und versuchen Sie diese vom Erwerb dieses Buches zu überzeugen. Lassen Sie sich nicht abwimmeln. Rufen Sie notfalls mehrmals an. Entdecken Sie das Geheimnis meiner Direktmarketing-Pyramide und werden Sie Exzellenz-Vermarkter![61]

So wie der junge Mann aus der Nachbarschaft, der bei meinen Eltern geklingelt und meinen Vater an der Türschwelle gefragt hat, ob er schon einmal daran gedacht habe, als Nebenverdienst in die Vermarktung von Kosmetika einzusteigen? Nein, danke. Es stellte sich heraus, dass er bereits Ware eingekauft, sich dadurch verschuldet hatte und jetzt immer verzweifelter Abnehmer oder, noch besser, Teilhaber suchte. Oder der arbeitslose Bekannte, der meiner Freundin und mir eines Abends völlig überraschend, dafür aber sehr intensiv und unter Zuhilfenahme mehrerer Schaubilder, die Vorzüge von besonders rein gefiltertem Leitungswasser erläuterte. Viel weniger Schadstoffe! Viel gesünder! Nichts mehr drin, völlig rein.

---

60 Der für weniger sexuell denkende Menschen offensichtlichere Vorteil der hohen Fluktuation: Es gibt ständig offene Stellen.
61 Wenn Sie wollen, können Sie Ihre Bekannten stattdessen auch davon überzeugen, auf Öko-Strom umzusteigen.

Ob wir nicht Interesse hätten? Und dann präsentierte er uns das revolutionäre Filtergerät in unserer Küche, er hatte immer eines in einem kleinen Koffer im Auto dabei, seit er vor zwei Wochen seine vielversprechende selbständige Karriere mit dem Besuch eines Seminars der Firma »Best Water« begonnen hatte. Mit ungefiltertem und gefiltertem Wasser führte er uns durchaus beeindruckende vergleichende Experimente vor. So beeindruckt waren wir dann aber doch nicht, dass wir 1500 Euro für so einen Wasserfilter ausgeben wollten. Der Abend ging dann recht schnell zu Ende. Wir haben ihm noch viel Glück gewünscht. Auch wenn er es künftig bitte nicht mehr bei uns suchen sollte.[62]
Die ganz kleine Ich-AG hat meist eine traurige Firmengeschichte. Die wildfremden Menschen am Telefon sind, man hört es oft schon am ersten aufgesetzt fröhlichen Satz, häufig schlicht deprimierend. So geschieht es hierzulande neunhunderttausendmal am Tag[63], dass zwei Menschen miteinander sprechen müssen, von denen mindestens einer keine Lust auf das Gespräch hat. Im besten Fall schafft es der andere, ihn wenigstens in der Leitung zu halten. Call-Center sind anstrengende Arbeitsplätze. Es erfordert eine höllische Konzentration, sich ständig auf neue Stimmen und Stimmungen einzulassen. Es kostet jede Menge Geduld und Freundlichkeit – nicht nur bei ausgehenden Anrufen. Call-Center-Angestellte werden beschimpft und beleidigt. Sie werden angeschrien. Einmal war ich dabei, als meinen kleinen Bruder der Zorn packte. Er

62 Mittlerweile hat er sein Glück zum Glück gefunden – nicht mit »Best Water«, sondern seinem eigentlichen Beruf als Masseur.
63 Nach einer Erhebung der Gesellschaft für Konsumforschung gab es in Deutschland 82,6 Millionen telefonische Werbekontakte im ersten Quartal 2006.

hatte gerade zum gefühlt hunderttausendsten Mal einen Fernsehwerbespot des damals notorisch penetrant werbenden Münzverkäufers Göde über sich ergehen lassen, für Sammlermünzen und Sondereditionen, die vielleicht einmal im Wert steigen könnten, vorausgesetzt, es finde sich in einigen Jahren jemand, der sie einem abkauft. Er hielt dieses Angebot für eine üble Bauernfängerei. Und das wollte er jemandem mitteilen. Jetzt.

 Was Sie tun können

Sie sind doch wieder ans Telefon gegangen. Es ist wieder ein Verkaufsanruf. Was tun?
1. Benutzen Sie keine Trillerpfeife (die bleibt obszönen Anrufern vorbehalten).
2. Schreien Sie niemanden an.
3. Arme und Irre und arme Irre müssen nicht unbedingt verklagt werden.

Hoffentlich hat der Call-Center-Agent, der damals für Göde in irgendeinem Großraumbüro saß und eigentlich nur Bestellungen aufnehmen sollte, keinen akustischen Schock erlitten. »Mit dem Begriff des akustischen Schocks werden die physiologischen und psychologischen Symptome beschrieben, die eine Person erleiden kann, nachdem sie über einen Kopfhörer oder Telefonhörer ein unvermitteltes, unerwartetes, lautes Geräusch gehört hat. Die am stärksten gefährdeten Arbeitskräfte sind die Mitarbeiter von Call-Centern. Das Problem kann verschärft werden, wenn es in Call-Centern so laut zugeht, dass die Mitarbeiter die Lautstärkeregelung höher einstellen müssen, als es an einem ruhigeren Ort nötig wäre.«[64] Ursache eines akustischen Schocks kann eine Rückkopplung sein oder eine technische Störung in den Computern des Call-Centers. Leider setzen immer noch nicht alle Firmen Kopfhörer ein, die solche Störungen herausfiltern. Ursache eines akustischen Schocks kann aber auch unerwartet lautes Geschrei des Gesprächspartners sein. Mal sehen, was mein lieber Bruder heute dazu sagt.

Stefan Kuzmany: 16:25:18
Hallo, Bruder, kann ich die Episode aufschreiben, wie du bei Göde angerufen hast, um die zu beschimpfen?

Kuzmany Florian: 16:26:49
Kannst du gerne machen. Ich hab übrigens letztens so einer Lottobetrugsgesellschaft (SUPER ANGEBOT: Für ganz wenig Geld ganz oft Lotto spielen) mit einer Klage gedroht, weil sie mich zweimal am selben Tag angerufen hatten. Aber wen verklage ich dann? Die sagen mir ja nicht ihre Adresse.

Stefan Kuzmany: 16:28:53
Das ist genau das Problem.

Kuzmany Florian: 16:32:18
Beim ersten Mal hatte ich so einen Idioten dran. Der hat einfach meine Antworten ignoriert. Er sagt: Das ist doch ein super Angebot, finden Sie nicht? Ich: Nein. Das finde ich nicht. Und er redet einfach weiter. Ich musste auflegen.

Stefan Kuzmany: 16:34:55
Normalerweise versuche ich höflich zu bleiben – sind ja arme Schweine in den Call-Centern.

64 Europäische Agentur für Sicherheit und Gesundheitsschutz am Arbeitsplatz, osha.europa.eu

Kuzmany Florian: 16:36:44
Ich finde, dass Leute, deren Beruf es ist, andere reinzu-
legen, kein Recht auf Freundlichkeit haben. Kann ja sein,
dass sie schwer was finden ... aber Betrug wird dadurch
nicht gerechtfertigt.

Stefan Kuzmany: 16:37:36
Stimmt. Muss Schluss machen. Telefon.

Eigentlich gäbe es eine einfache Methode, den meisten
der unerwünschten Werbeanrufe leicht zu entgehen. Call-
Center arbeiten meist mit einem Computerprogramm namens »Predictive Dialer«. Dieses Programm berechnet, wie
viele Menschen angerufen werden müssen, damit alle Angestellten im Call-Center ständig ausgelastet sind. Sobald
der oder die Angestellte ein Gespräch beendet hat, wird
ihm das nächste Gespräch vom Computer durchgestellt.[65]
Der Computer übernimmt das Wählen. Und er kann auch
feststellen, ob ein Mensch abgehoben hat oder ein Anruf-
beantworter. Der Predictive Dialer ist für Call-Center-Fir-
men sehr nützlich: Die Angestellten werden ständig auf
Trab gehalten und müssen sich keine Anrufbeantworter-
sprüche anhören, sondern haben garantiert immer einen
Menschen in der Leitung – aber nur, wenn der Mensch
nicht schneller ist. Denn das Programm braucht eine Sekunde, um denjenigen, der abgehoben hat, zu einem
Telefonvertreter durchzustellen. Diese kurze Schaltpause
kann man nutzen – und auflegen. Dummerweise bleibt
mir dieser Ausweg versperrt, weil manchmal die Mutter
meiner Freundin aus Buenos Aires anruft, und dann gibt

---

65 Sollte der Computer einmal mehr Menschen angewählt haben, als
freie Callcenter-Mitarbeiter zur Verfügung stehen, legt er einfach auf.

es auch diese Schaltsekunde, aber bei ihr möchte ich auf gar keinen Fall den falschen Eindruck erwecken, ihre Anrufe seien uns nicht herzlich willkommen. Also gehe ich ran.

Da bin ich wieder. Und ich weiß nicht, warum ich vorhin ständig über Mitleid und Prekariat und schlechte Arbeitsbedingungen und schlechte Bezahlung in Call-Centern gejammert habe. Mein Bruder hat schon recht: Diese Leute verdienen kein Mitleid. Es war eine junge Frau diesmal. Nassforsch. Ob ich denn schon von dem neuen Sonderangebot der Telekom gehört hätte? Habe ich nicht. Dann könnten wir das ja gleich am Telefon machen, sagt sie. Will ich nicht. Ich mache keine Verträge am Telefon. Schicken Sie mir Ihr Angebot schriftlich. Sagt sie: Wir haben es Ihnen schon geschickt, da haben Sie offenbar nicht aufgepasst. Dann werden Sie mir es eben nochmal … sage ich, aber sie hat schon aufgelegt.

Solche Anrufe sind Telefonterror der Kategorie drei: die Unverschämten. Sie erzeugen ein Gefühl der Ohnmacht, die schnell in Wut umschlägt. Dass es sich in diesem Fall wohl noch um eine vergleichsweise seriöse Offerte gehandelt hat, spielt keine Rolle. Das Beste, was diesen Unverschämtheiten abzugewinnen ist: Man kann davon erzählen. Man kann andere vor der Firma warnen, die dahintersteckt. Der Angriff muss berichtet werden, erst wenn ein anderer Mensch sagt, das können die doch nicht machen, dann ist es wieder besser. Meine Freundin ist nicht da. Mein Bruder ist offline. Ich rufe Michael an.

»Ja?« »Du kannst dir nicht vorstellen, was für eine unverschämte Telekom-Person mich gerade angerufen hat.« »Ich bin unglaublich gespannt.«

Meine Geschichte beeindruckt dann aber doch nicht besonders. Er nennt sie harmlos. Und erzählt seine Geschichte: Vor gar nicht langer Zeit standen bei ihm zwei Männer von der, wie sie sagten, Telekom an der Wohnungstür und wollten, wie sie sagten, nachschauen, ob sein Tarif schon umgestellt sei. Ob sie mal seine Telefonrechnung sehen könnten? Also holte Michael seine letzte Telefonrechnung. »Aha«, habe der eine nach einem Blick auf die Rechnung gesagt, »Sie telefonieren viel mit billigen Call-by-Call-Vorwahlen.« Michael wurde misstrauisch, forderte seine Telefonrechnung zurück und sagte: »Es ist meine Sache, mit wem ich telefoniere.« »Dann telefonieren Sie nicht mehr mit uns«, erwiderte der Mann »von der Telekom«. Und Michael fragte nach: »Was soll das heißen? Wird jetzt mein Anschluss gesperrt?« »So sieht es aus«, sagte der Telekom-Mitarbeiter. Und zog ab.

Jetzt war Michael irritiert. Die Telekom würde seinen Anschluss sperren, weil er zu viele Geschäfte mit Konkurrenzunternehmen gemacht hat? Das konnte doch nicht wahr sein. War es auch nicht. Die Frau von der Telekom-Service-Hotline konnte sich nicht erklären, was das für Leute waren. Der Anschluss würde jedenfalls nicht gesperrt. Da rief Michael bei der Pressestelle der Telekom an und fragte nach. Er hatte sich gemerkt, was auf den Plastikausweisen stand, die seine beiden Besucher umgehängt hatten: das Telekom-Logo und der Schriftzug »T.C.H. Marketing«. Die Telekom würde zwar Drittfirmen mit der Kundenbetreuung beauftragen, aber T.C.H. Marketing sage ihm nichts, sagte der Telekom-Pressesprecher. Da setzte sich Michael auf sein Fahrrad und fuhr seine Gegend ab. Tatsächlich erwischte er die beiden Vertreter einige Straßen weiter. Er ließ sich ihr Beglaubigungsschreiben von der Telekom zeigen – und tatsächlich hatten sie eines dabei, allerdings ausgestellt auf eine »Option One GmbH«. Michael radelte wieder heim und rief noch einmal den Pressesprecher an. Ja, sagte der, die Option One GmbH sei tatsächlich von der Telekom beauftragt. Ob denn die Methoden dieser Firma für die Telekom in Ordnung seien, wollte Michael wissen. Der Pressemensch wollte seine Frage weitergeben. Nur wenig später klingelte es nochmal an Michaels Tür. Diesmal stand eine Frau davor, mit dem gleichen Ausweis derselben Firma. Ob sie mal seine Telefonrechnung sehen dürfe? Durfte sie nicht.

Einige Tage später rief ihn eine Dame von der Firma »Ranger Marketing GmbH« an und ließ sich den Sachverhalt erneut schildern. Ranger ist ein multinational operierender Vermarktungskonzern, dessen Kerngeschäft »die abschlussorientierte persönliche Kundenberatung für namhafte Auftraggeber« ist. Warum denn niemand von der »Option One GmbH« anrufe, wollte Michael wissen. Ranger und Option One, das sei irgendwie dasselbe, sagte die Frau. Offenbar arbeitet Ranger mit vielen kleinen Firmen zusammen. So verschiebt sich die Verantwortung für die seltsamen Geschäftspraktiken beim Verkauf von Telefonverträgen immer weiter hinunter bis ganz nach unten zum schwächsten Glied der Kette: der Drückerkolonne. Mit deren Methoden der Weltkonzern Telekom selbstverständlich nichts zu tun hat.

Man kann sich ärgern, man kann sich beschweren, es hilft alles nichts. Die Jagd auf die Verbraucher geht weiter. Spezialisierte Firmen versuchen, potenziell jeden Inhaber eines Telefonanschlusses oder einer Haustürklingel mit großem technischen und personellen Aufwand für dumm zu verkaufen. Was die Angestellten dieser Firmen betrifft, mit denen man es meist zu tun bekommt, kann

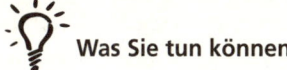

Was Sie tun können

Das Tischgespräch erlahmt? Kein Problem. Berichten Sie von dem unverschämten Werbeanruf, den Sie vor drei Tagen bekommen haben. Dazu kann jeder eine Anekdote beisteuern.[66]

man sich darüber streiten, ob diese schlechter bezahlt als ausgebildet sind oder umgekehrt. Manchmal hat man es sogar mit Betrug zu tun. Und manchmal haben diese Firmen kaum noch Angestellte. Im Prinzip kann das jeder machen, der das technische Verständnis und die kriminelle Energie dafür aufbringt: irgendwo auf der Welt einen Server aufstellen, weit weg von den hiesigen Strafverfolgungsbehörden, und von dort aus vollkommen automatisiert aufgezeichnete Botschaften an jede nur mögliche Telefonnummer aussenden. Das ist die Kategorie vier. Die nötige Investition von einigen tausend Euro rentiert sich schnell. Angenommen, das Gerät versendet Anrufbotschaften, welche die Empfänger unter Vorspiegelung eines Gewinnes dazu auffordern, eine bestimmte Nummer anzuwählen. Die Nummer ist hoch gebührenpflichtig, und nur wenige fallen auf den Trick herein. Lassen wir es nur zwei Prozent aller Angerufenen sein, die dumm oder hilflos genug sind – die genügen schon, damit sich das Geschäft für den Betrüger lohnt. Noch fieser sind solche, die nicht einmal mehr ein Band abspielen – son-

66 Auch immer wieder gut: »Wie ich einmal von der Polizei kontrolliert worden bin«, »Wie mich die GEZ erwischt hat« und »Weiß eigentlich jemand, woher die Rose stammt, die hier in der Vase steht und wie der Mensch lebt, der sie hergestellt hat?«

dern nur sehr kurz anklingeln, gerade lang genug, damit die Nummer im Display des Angerufenen erscheint. Und wieder wird sich ein gewisser Prozentsatz von Menschen finden, der nicht widerstehen kann und zurückruft.

 **Was Sie tun können**

Der Geschäftsgründer-Tipp: Das Fürstentum Liechtenstein ist out, die Cayman-Inseln auch. Gründen Sie Ihre nächste Firma im Fürstentum Sealand – einem Fürstentum mit Geschichte.

Sealand ist eigentlich eine von mehreren ziemlich öden Plattformen vor der britischen Küste, die während des Zweiten Weltkrieges von der britischen Marine errichtet worden waren, nach dem Krieg aber aufgegeben wurden. In den späten 60er Jahren waren diese Plattformen, die teilweise außerhalb der britischen Hoheitsgewässer lagen, bei den Betreibern von Piratensendern beliebt und umkämpft. Am 2. September 1967 besetzte Paddy Roy Bates die Plattform, auf der er später das »Fürstentum Sealand« ausrief und sich selbst als dessen Fürsten. Die britische Marine machte einmal einen halbherzigen Versuch, die Plattform wieder einzunehmen, wollte aber kein Blutvergießen riskieren und brach die Aktion ab. Der völkerrechtliche Status von Sealand ist umstritten. Immerhin hatte Sealand schon einmal Staatsbesuch aus Deutschland. 1978 schickte das Auswärtige Amt einen Abgesandten, der mit dem Fürsten über die Freilassung eines Deutschen verhandelte. Der Gefangene war ein Vertrauter des Fürsten gewesen, bevor er gegen Roy geputscht und seinerseits den Fürstensohn eingesperrt hatte.

Heute kann man auf Sealand gegen Gebühr sehr diskret Datenverarbeitung aller Art betreiben. Sie können das Fürstentum auch komplett erwerben – für 750 Millionen Euro.[67] Tipp für Sparsame: Nur einen Bruchteil des geforderten Kaufpreises müssen Sie aufwenden, wenn Sie sich eine kleine Privatarmee zusammenstellen und das Fürstentum gewaltsam übernehmen.

Das Telefon klingelt schon wieder. Ich gehe nicht dran. Es klingelt weiter. Diesmal nicht. Es klingelt. Ich möchte mich auf den Balkon stellen und brüllen: »Warum unternimmt nicht endlich jemand etwas gegen diese Arschlöcher?« Wenn ich Glück hätte, ginge gerade ein Abgeordneter des Deutschen Bundestages unten auf der Straße vorbei, bliebe stehen und riefe mir zu: »Aber wir haben doch schon etwas getan! Wer betrügt, kommt ins Gefängnis! Und unangemeldete Werbeanrufe haben wir ebenfalls verboten!«[68] »Aber euer Verbot nützt nichts! Die rufen immer noch an! Und es werden immer mehr!«, riefe darauf ich. »Stimmt! Leider!«, würde der Abgeordnete dann zurückrufen. »Aber das wissen wir auch! Darum arbeiten wir an einer Überarbeitung des Gesetzes!« »Das ist gut!«, brüllte ich zurück, »wann ist es denn so weit?« »Das würde mich auch interessieren!«, schrie der Nachbar zwei Balkone über mir. »Genau!«, riefen wie mit einer Stimme die Gäste aus dem Pizzaladen unten. Mittlerweile würde sich schon ein kleiner Menschenauflauf um den Politiker gebildet haben, aber er hätte eine gute Stimme, und darum würde

67 Angebote bei der spanischen Immobilienfirma InmoNaranja aus Granada: www.inmobiliarianaranja.es/sealand.html. Die Koordinaten des Fürstentums Sealand sind 51°53'40"N, 1°28'57"O

68 Seit 2004 wird »bei einer Werbung mit Telefonanrufen gegenüber Verbrauchern ohne deren Einwilligung oder gegenüber sonstigen Marktteilnehmern ohne deren zumindest mutmaßliche Einwilligung« eine »unzumutbare Belästigung« angenommen (Art. 7 Abs. 2 Nr. 2 des Gesetzes gegen den unlauteren Wettbewerb).

er jetzt rufen: »Ich bin zuversichtlich, dass wir dem Verbraucher bald entgegenkommen werden. Gerade haben wir einen Gesetzesantrag der Opposition im Bundestag in den Rechtsausschuss verwiesen. Die Opposition hätte ihn lieber federführend beim Verbraucherschutzausschuss gesehen, aber die Koalition hat sie niedergestimmt. Der Vorschlag der Opposition wird sowieso nicht beschlossen werden. Das Gesetz gegen unerwünschte Werbeanrufe ist erst vor drei Jahren eingeführt worden, deshalb müssen wir zunächst einmal gründlich prüfen, ob es denn etwas nützt und welche Sanktionsmöglichkeiten tatsächlich sinnvoll sind. Das alles braucht seine Zeit.[69] Ich verweise in diesem Zusammenhang auf das Plenarprotokoll 16/79 Anlage 11 und die Bundestags-Drucksache 16/4156.« Die Menge würde sich damit nicht zufriedengeben. Immer lauter würde das Murren, aber ich könnte die Szene nicht weiter beobachten, weil drinnen schon wieder das Telefon klingeln würde.

Nein, so wird das nichts. Ich kann nicht warten, bis ein neues Gesetz kommt und bis dahin und in alle Ewigkeit immer wieder angerufen werden. Es ist eine Grenze überschritten. Es interessiert mich nicht, an einem Gewinnspiel teilzunehmen, das sich hinterher als Verkaufsveranstaltung herausstellt. Ich will an keiner Umfrage zur wirtschaftlichen Gesamtsituation mehr teilnehmen. Nein, es soll kein Kurier vorbeikommen mit einem Vertrag, damit ich ihn unterschrieben sofort zurückschicken kann. Es soll

---

69 So ungefähr lässt sich die Position der Regierungskoalition zu einer Neufassung des Anti-Werbeanruf-Gesetzes zusammenfassen, wie sie die Verbraucherverbände gefordert haben. Der Gesetzentwurf, der von den Grünen am 1. Februar 2007 eingebracht wurde, sieht unter anderem ein Bußgeld von bis zu 50 000 Euro für Telefonspammer vor.

auch kein Mitarbeiter vorbeikommen und mir ein kleines Geschenk überreichen – auch nicht, wenn er zufällig gerade in meiner Gegend sein sollte. Ich weigere mich, auf den Vorschlag einer aufgezeichneten Stimme einzugehen und eine bestimmte Telefonnummer anzuwählen, unter der ich Näheres über die Reise erfahren könnte, die ich – gerade ich! Gerade jetzt in diesem Moment! – gewonnen hätte. Dass das jetzt mal klar ist. Ich habe bereits einen Telefonanschluss und ein Mobiltelefon und einen Internet-Anschluss und wünsche ausdrücklich nicht, über neue Angebote auf diesem Gebiet informiert zu werden. Das schnurlose Telefon sei mein Zeuge: Es reicht.

»Redest du mit dir selbst?«, fragt meine Freundin. Sie ist gerade heimgekommen. »Warum bist du denn nicht ans Telefon gegangen?« »Ich gehe nie wieder ans Telefon«, sage ich. Und erzähle. Sie hört lange zu. Dann sagt sie: »Du solltest ein Blog schreiben. Das täte dir sicher gut. Da könntest du dich mit Gleichgesinnten austauschen. Dann wärst du ausgeglichener.« Manchmal habe ich den Eindruck, sie hält mich für verrückt.

Trotzdem: ein Blog. Eine gute Idee. Macht man doch heute so. Da gibt es etwas, das einen stört. Und dann schreibt man es auf, damit es jeder lesen kann. Und jeder weiß: Er ist nicht allein. Ich könnte zum Beispiel in mein Blog schreiben, wie ich einmal bei einer eBay-Auktion von einem Verkäufer betrogen worden bin. Dumme Geschichte. Wollte mir eine High-End-Digital-Kamera kaufen und erhielt eine Kiste mit Wasserflaschen für über 5000 DM. War selbst schuld. Seit neuestem bin ich bei eBay gesperrt, weil mein Account angeblich im Zusammenhang mit illegalen Transaktionen steht. Jetzt will eBay, dass ich eine Kopie meines Personalausweises schicke, um mich zu identifizieren. Ich tue das nicht, bleibe gesperrt und bin dadurch effektiv vor Impuls-Käufen geschützt. Suche Betroffene für Erfahrungsaustausch und/oder Sammelklage. Ich habe keine Ahnung, wie so etwas funktioniert. Was passiert, wenn mich die Leute, über die ich schreibe, verklagen? Ich frage besser mal jemanden, der sich damit auskennt. Nur vier Stationen mit der U-Bahn entfernt wohnt Marcel Bartels. Der hat Erfahrung. Er ist der wahrscheinlich am häufigsten abgemahnte und verklagte Blogger des Landes. Ich fahre ihn besuchen. Gerade hat er seine Seite auf mein-parteibuch.de geschlossen und hofft, dass ein US-Anwalt sie unter mein-Parteibuch.com weiterbetreiben wird. Erste Frage. »Macht es dir eigentlich Spaß, abgemahnt zu werden?«

»Es ist zum Lebensgefühl geworden«, sagt Marcel Bartels.

»Mein Parteibuch« ist ein 2005 begonnenes Blog, das »subjektiv, persönlich und parteiisch« seine Erfahrungen nach dem Eintritt in die SPD beschreiben sollte. Am Anfang war er dort sehr beliebt. Reichlich frech machte er Wahlkampf für den damaligen Kanzler Gerhard Schröder. Enttäuscht von dessen Abgang zum russischen Gazprom-Konzern und der Teilnahme seiner Partei an einer großen Koalition unter Angela Merkel begann Marcel, kritisch über die SPD-Spitze zu schreiben. Sehr kritisch. »Mittlerweile suchen die nur noch nach einem Grund dafür, mich aus der Partei zu werfen«, erzählt er. Marcel Bartels, 37 Jahre alt, studierter Wirtschaftsingenieur und selbständig arbeitend, schreibt auf »Mein Parteibuch« schon lange nicht mehr nur über die SPD. Er schreibt über die kleinen und großen Ungerechtigkeiten und Schweinereien. Am liebsten über die ganz großen. Für ihn ist das Internet ein ideales Medium, seine Vorstellungen und Sichtweisen frei auszudrücken, auch wenn diese anderen nicht gefallen. Er drückt seinen Ärger aus: über Scheinheiligkeit. Betrügereien. Und Telefonterror.

Marcel hat einen Kaffee gemacht und zündet sich eine Zigarette am offenen Küchenfenster an. Ihm geht es um das Grundrecht auf freie Meinungsäußerung. Die anderen wollen ihn zum Schweigen bringen. Die Anwaltsschreiben, die sie ihm zu diesem Zweck schicken, veröffentlichte Marcel wiederum in seinem Blog, bis Gerichte ihm das verboten. Marcel kann viele Geschichten erzählen. Bei manchen darf er mittlerweile keine Namen mehr nennen, weil er entsprechende Unterlassungserklärungen abgegeben hat. Er bemisst seinen Erfolg daran, wie stark seine Gegner auf ihn reagieren. Wenn sie ihn verklagen, dann ist das für ihn ein Hinweis darauf, dass er sie an der richtigen Stelle getroffen hat. »Die sind richtig böse geworden«, sagt Marcel dann und lacht. Das Lebensgefühl. Es macht ihm offensichtlich viel Spaß.

Marcel hat sich beispielsweise schon mit Geschäftsleuten angelegt, die mit Telefonmarketing für Schrottimmobilien auf unverschämte Weise zu Geld gekommen sind. Die Masche geht so: Bevorzugt in besseren Gegenden klingelt das Telefon. Ein Wirtschaftsinstitut ist dran und verspricht Vorschläge, Steuern zu sparen. Wer wollte keine Steuern sparen? Das ist immer eine gute Idee. Und gleichzeitig etwas für die Altersvorsorge tun. Man vereinbart einen Termin. Zur vereinbarten Stunde kommen zwei höfliche Vertreter und machen vernünftig klingende Vorschläge: Wenn Sie Immobilien kaufen, können Sie die Anschaffungskosten von der Steuer absetzen. Die Finanzierungskosten kommen durch die Mieteinnahmen wieder herein, das rechnet sich alles und ist durch Mietgarantien abgesichert. So eine Immobilie könne man auch jederzeit wieder verkaufen. Man solle doch einmal ganz unverbindlich zur nächsten Info-Veranstaltung vorbeikommen, die nächste Woche stattfindet. Auf dieser Veranstaltung werden den Gästen dann ganz wenige ausgewählte Objekte vorgestellt und nochmals die steuerlichen Vorteile erläutert. Es wird Sekt ausgeschenkt, besser noch: Champagner. Im Vertrauen wird dem bald schon euphorisch gesoffenen Steuersparwilligen dann die Chance eröffnet, noch einen letzten Platz in einem hochlukrativen Immobilienprojekt besetzen zu können. Er müsse sich nur schnell entscheiden.

Und ehe er sich versieht, sitzt der eifrige Steuersparer schon mit seinen neuen Geschäftspartnern im Taxi zum Mitternachtsnotar, der so heißt, weil er auch am Wochenende und spätabends bereit ist, in Windeseile Immobilienverträge zu beurkunden. Schon im Taxi werden die ersten Unterschriften verlangt, auf vordatierten Papieren, was die Einhaltung der gesetzlichen Fristen vorgaukeln soll. Am nächsten Tag wacht der Steuersparer auf und ist Immobilienbesitzer.

Der große Kater folgt mit erst einiger Verzögerung und bleibt erst mal für die nächsten Jahre. Oft noch wird man den Tag verfluchen, an dem man so dringend Steuern sparen wollte. Die Mietgarantien stellen sich als wertlos heraus. Die Immobilien sind in einem schlechten Zustand, stehen vielfach leer, es fallen hohe Renovierungskosten an. Die Immobilie wird immer teurer. Der Kredit auch. Schrottimmobilienverkäufer verdienen ihr Geld mit happigen Provisionen für diese Immobilien- und Kreditabschlüsse. Die Geprellten haben jede Menge Geld und Nerven verloren.

Im Informationszeitalter dürfte niemand mehr auf Schrottimmobilienverkäufer hereinfallen: Es genügt, den Namen zu googeln, und schon ist man ausreichend gewarnt. Das erschwert Schrottimmobilienverkäufern ihre Tätigkeit. Also wurde Google darauf verklagt, Suchergebnisse zu filtern, auf dass nichts Unschönes mehr zu finden sei. Das Landgericht Hamburg gab einem Schrottimmobilienverkäufer recht. Dem Urteil folgend müssen Suchmaschinenbetreiber aufpassen, dass sie durch die Vorschau der Suchergebnisse keine Persönlichkeitsrechte verletzen.[70] Für Marcel ein Skandal. »Über diese Zusammenhänge habe ich geschrieben«, sagt er, »aber das darf ich nicht mehr.« Marcel Bartels ist sich sicher, dass er auf der richtigen Seite steht. Sein Fehler war, dass er den Begriff »Immobilienbetrug« im Zusammenhang mit einem bestimmten Geschäftsmann benützt hat. Der Geschäftsmann ist aber nie wegen Betruges verurteilt worden, darf also nicht Betrüger genannt werden. »Wenn höchstrichterlich festgestellt würde, dass eine Bank illegal handelt, die im großen Stil solche mit Bausparverträgen ›abgesicherten‹ Kreditverträge mit weichgekochten Steuersparern abschließt, hätten wir hier einen Bankencrash«, sagt Marcel. »Da ist ein Punkt erreicht, wo man in Deutschland keinen Schritt weiterkommt.«

Das Telefon klingelt. Marcel geht ran. Es könnte sein Anwalt sein, der Neuigkeiten aus einem der schwebenden Verfahren berichtet. Aber er ist es nicht. Es ist auch kein unerwünschter Werbeanruf. Schade eigentlich, vielleicht

---

70 Ein Prozessbericht zu dem Verfahren findet sich hier: www. buskeismus.de/berichte/bericht_060428.htm#Google. Allerdings scheint das Landgericht Hamburg seine eigene Rechtsprechung schon ein gutes halbes Jahr später wieder gekippt zu haben.

wäre ich Zeuge der Geburt eines neuen langwierigen Rechtsstreites geworden. Außerdem hätte es mich doch interessiert, wie ein Profi einen Cold Call entgegennimmt. Aber es war nur ein Freund dran. Manchmal, erzählt Marcel, habe er den Eindruck, es stecke ein System hinter allem: »Ich frage mich, ob es ein Geschäftsmodell gibt, nach dem Anwälte dafür bezahlt werden, Einzelpersonen fertigzumachen. In die Knie zu zwingen.«

Am Anfang ging es nur um betrügerische Werbung, aber das ist nur die Spitze des Eisberges, eine der vielen Spitzen eines sehr großen Eisberges. »Das Grundprinzip, nach dem Staat und Justiz funktionieren, finde ich richtig. Aber es sollte etwas mehr so funktionieren, wie es auf dem Papier steht«, sagt Marcel. »Mittlerweile haben wir hier russische Verhältnisse.« Gibt es überhaupt noch Hoffnung? Welchen Sinn hat es überhaupt, sich mit dubiosen Geschäftemachern anzulegen? »Alles kommt irgendwann ans Licht«, sagt Marcel. »Zumindest scheibchenweise.« Er lächelt wieder. Er wirkt nicht wie jemand, der fertiggemacht und in die Knie gezwungen worden ist. Es scheint, als habe der Kampf um eine bessere Welt doch einen Sinn, auch wenn er aussichtslos erscheint: Er schenkt dem, der ihn ausficht, inneren Frieden. Jedenfalls, bis wieder das Telefon klingelt. Dem Nächsten, der mich anruft, werde ich etwas erzählen.

Trägheit
Das Hühnerbarometer.
Über den Versuch, eines von neun Milliarden
Eiern zu verfolgen

Zunächst einige Fakten. Im Jahr 2005 lebten in Deutschland zweiunddreißig Millionen und zweihundertfünfundsechzigtausend Hühner, gemeinsam haben sie neun Milliarden und zweihundertzweiundsechzig Millionen Eier produziert. Sollten Sie dieses Buch im Jahr 2048 lesen, dann entspricht das genau der Anzahl der auf der Erde lebenden Menschen. Die im Jahr 2005 in Deutschland gelegten Eier wiegen gemeinsam fünfhundertvierundsiebzig Millionen und zweihundertvierundvierzigtausend Kilogramm, sind also zehnmal so schwer wie der Ozeandampfer Titanic, der am 14. April 1912 gegen dreiundzwanzig Uhr und vierzig Minuten mit einem Eisberg zusammenstieß und zwei Stunden vierzig Minuten später im Nordatlantik versank. Würde man alle im Jahr 2005 in Deutschland gelegten Eier sehr vorsichtig übereinanderstapeln, ergäbe das einen fünfhundertfünfundfünfzigtausend siebenhundertzwanzig Kilometer hohen Eierturm, das ist das Anderthalbfache der Strecke von der Erde bis zum Mond. Legte man alle Eier nebeneinander, würden sie die Fläche von dreitausendvierhundertvierundzwanzig Fußballfeldern bedecken. Würde man diese Fußballfelder übereinanderstapeln, ergäbe sich ein einhunderteinundfünfzig Meter hoher Eiquader, er hätte damit fast die Hälfte der Höhe des Eiffelturms und wäre nur ein klein wenig niedriger als der Kölner Dom. Würde man die Eier alle aufschlagen, ergäbe das dreihundertacht Millionen siebenhundertdreiunddreißigtausend dreihundertdreiunddreißig und ein Drittel Liter Eiflüssigkeit. Diese Menge würde ausreichen, um auf dem Münchner Oktoberfest einundfünfzig Jahre lang Eiglibber an Stelle von Bier auszuschenken, aber nur, wenn man davon ausgeht, dass die Maß Eiglibber auch gut eingeschenkt wird. Wahrscheinlicher aber ist es, dass der Glibber sogar für fast fünfundsiebzig Jahre ausreichen würde.

Das Ei ist aus unserer Kultur und unserem Sprachgebrauch nicht mehr wegzudenken, was der folgende klassische Eierwitz anschaulich illustriert. Kommt ein Mann zum Arzt. Sagt der Arzt: »Sie sind eine medizinische Sensation – Sie haben drei Eier.« Der Patient freut sich, verlässt die Praxis und spricht auf der Straße den erstbesten anderen Mann an: »Hallo, wissen Sie was? Zusammen haben wir fünf Eier.« Sagt der andere: »Ach so, Sie haben nur eins?« Die Freude am Mehrbesitz von Eiern galt durch die ganze Geschichte der Menschheit als etwas Erstrebenswertes. Die Menschheit teilt sich in solche Menschen, die Eier haben und solche, die keine Eier haben, womit keineswegs nur Männer gemeint sind. Und obwohl Eier in unglaublichen Massen gelegt werden, ist der Verzehr von Eiern doch eine sehr persönliche Sache. Man kommt dem Tier sehr nahe. Man verspeist seine Nachkommen. Das Ei ist ein Symbol der Fruchtbarkeit. Wir stammen letztlich alle aus Eiern.

»Das Ei ist zu hart geworden«, sage ich.

»Das Ei ist genau richtig so«, sagt meine Freundin.

Es ist Sonntagvormittag, der heilige Sonntagvormittag. Mit Ausschlafen, Sonntagszeitungen, klassischer Musik und einem opulenten Frühstück. Mit Ei. Immer mit Ei.

Entweder als Rührei, dann lieber mit Pilzen oder Shrimps, oder weich gekocht. Ich mag sie etwas weicher. Eigentlich ist es schon Sonntagnachmittag.

»Hast du dir eigentlich schon einmal Gedanken darüber gemacht, welches Huhn dieses Ei gelegt hat, das du da gerade isst?«, frage ich. »Nein«, sagt meine Freundin. »Du etwa?«

Na ja, noch nicht oft. Ich weiß nur wenig über die zweiunddreißig Millionen Hühner. Aber gerade eben hat eines davon angefangen, mich zu interessieren. Und wenn ich einmal damit angefangen habe, mich für etwas zu interessieren, dann bin ich nicht mehr aufzuhalten. Es ist Sonntag. Ich habe nichts zu tun. Ich werde das jetzt herausfinden. Ich schwöre, ich werde nicht locker lassen. Und das Beste dabei: Ich muss mich dafür nicht vom Fleck bewegen. »So so«, sagt meine Freundin.

Wir haben, was Eier betrifft, ein normal gutes Gewissen. Seit einiger Zeit schon kaufen wir im Supermarkt nur noch Bio-Eier, fragen Sie mich nicht, was der Auslöser war, die anderen waren uns irgendwann einfach zu eklig. Man kennt das ja: die traurigen Bilder aus den Legebatterien, wo Hühner immer noch[71] auf einer Fläche leben müssen, die kleiner ist als ein DIN-A4-Blatt. Wer sie unbedingt noch einmal sehen will, im Internet gibt's jede Menge davon. Ich habe diese Bilder immer gemieden.

---

71 Und trotz aller Bemühungen der grünen Landwirtschaftsministerin Renate Künast um eine neue Legehennenverordnung – die große Koalition aus SPD und CDU/CSU hat ihre Umsetzung verschoben, und es steht zu befürchten, dass sie niemals umgesetzt wird. In der Schweiz ist Käfighaltung übrigens mittlerweile verboten.

 **Was Sie tun können**

Erleben Sie das Leiden der Hühner am eigenen Leib! Ziehen Sie für eine Woche in Ihren Kleiderschrank.[72] Finden Sie jemanden, der oder die ihnen in dieser Zeit Essen aus zermahlenen Abfallprodukten bringt und ab und an die Kotreste mit einem Schlauch wegspült. Nikotin ist erlaubt.

Mit solcher Tierquälerei wollte ich nichts zu tun haben – was meinen Eierkauf aber viele Jahre lang nicht beeinflusst hat. Und dann, vor einigen Monaten, von einem Tag auf den anderen, kauften wir nur noch Bio-Eier. Wir haben es einfach getan. Eines war klar: Mit Boden- und Freilandhaltung wollten wir uns gar nicht aufhalten. Wenn wir schon etwas für die Hühner tun wollten, dann aber richtig. Boden- und Freilandhaltung, das war nur graduell besser als der Käfig. Bei der reinen Bodenhaltung sind die Tiere in geschlossenen Räumen untergebracht. Direkter Lichteinfall ist zu vermeiden, das macht die bis zu fünftausend Hennen der Kolonie wütend und sie fangen vielleicht sogar an, sich gegenseitig umzubringen. Weil Hühner sich nur deutlich unter fünfzig Artgenossen merken können, kommt es in der großen Gruppe zu ständigen Kämpfen um die Rangordnung, was zu Stress und Verletzungen führt. Die Tiere kommen häufig mit Kot in Kontakt, deshalb verbreiten sich Krankheiten schneller, und es müssen mehr Antibiotika eingesetzt werden. Freilandhaltung ist zwar schon besser, da gibt es Auslauf. Aber in der Bio-Hal-

72 Kleiderschrank vorher nicht ausräumen.

tung gibt es noch mehr Platz, die Hühner werden weitestgehend mit Biofutter verpflegt und es gibt sogar Hähne. Nur Bio bringt Freiheit! Dachte ich. Und wenn ich seither mein Ei löffelte, dann hatte ich, sollte ich dabei überhaupt jemals an ein Huhn gedacht haben, das Bild eines glücklichen Huhns im Kopf. Dasselbe glückliche Huhn, das aus derselben glücklichen Familie stammt, mit der schon auf den Eierkartons meiner Kindheit geworben wurde: »Von glücklichen Hühnern« stand darauf, und ich stellte mir vor, wie diese glücklichen Hühner im Pulk und laut gackernd über einen Bauernhof liefen, gejagt von einem kleinen blonden Jungen, der einen Weidenstock schwingt, so eine Art Astrid-Lindgren-Bauernhof-Vision.

Ich machte mir da selbstverständlich etwas vor. Denn obwohl wir nur Bio-Eier kaufen, essen wir trotzdem noch Unmengen der Eier, die in schrecklicher Käfighaltung gelegt wurden – versteckt in Produkten, die Eier enthalten und die nicht ausdrücklich mit Biozutaten hergestellt worden sind. Also in jedem herkömmlichen Produkt, in den Kuchen, die wir in Bäckereien kaufen (wenn es keine Bio-Bäckereien sind), in Nudeln, Fertignahrung und im Katzenfutter (wenn wir eine Katze hätten). Aber immerhin: Das Ei, das ich persönlich auslöffle, gewissermaßen im Angesicht des Huhns beziehungsweise seines Hinterteils, soll sauber sein. Ist sauber. Ist doch sauber?

Die Sache ist ganz einfach, dachte ich mir, dafür braucht man keinen gesamten Sonntagnachmittag: Seit Anfang 2004 muss auf jedem Ei das Herkunftsland, die Haltungsform, der Betrieb und der Stall angegeben sein. Auf den ersten Blick kann man also sehen, ob mit dem Ei alles in Ordnung ist.

 **Was Sie tun können**

Lernen Sie die neue Eierkennzeichnung auswendig:

0 – Biohaltung
1 – Freilandhaltung
2 – Bodenhaltung
3 – Käfighaltung
4 – Haltung in elektrisch geladenen Käfigen
5 – Wie 4, Huhn bekommt zusätzlich ausschließlich
    vergiftetes Futter
6 – Eier von toten Hühnern
    Lehnen Sie Eier der Kennzeichnungen 3 und höher
    ab. Eier mit den Kennzeichnungen 4, 5, 6 sind sogar
    gesetzlich verboten.

Überprüfen Sie jetzt Ihren Kühlschrank. Sollten Sie Eier mit solchen Kennzeichnungen haben, informieren Sie umgehend das zuständige Veterinäramt (Nummer beim Landratsamt erfragen).

Die Länderkennzeichnung ist wie ein Autokennzeichen, die Haltungsform ist mit einem einfachen Zahlencode angegeben, und dann ist da eben noch diese Ziffernfolge, die sich auf einen bestimmten Betrieb und Stall in Soundso zurückverfolgen lässt, der im besten Fall nach Öko-Standards Eier produziert. Wunderbar, Sache erledigt, ich musste noch nicht einmal den Frühstückstisch verlassen.

»Moment, Moment, nicht so schnell«, sagt meine Freundin. »Was heißt hier Soundso? Wo ist denn nun dieser Betrieb? Was ist denn das für einer?«

Ha, nichts leichter als das. Computer aufgeklappt, Browser gestartet, auf die Seite www.was-steht-auf-dem-

Ei.de des »KAT – Verein für kontrollierte Tierhaltungsformen«[73] gesurft. Eine super Seite. Die haben sogar eine Pac-Man-Version mit einem Huhn – Pickman, genial! Statt der Geister verfolgen Füchse die Spielfigur, und das Labyrinth ist wie ein Supermarkt gestaltet. Dazu fetzige Musik. Und ab und zu muss man sich mit dem Huhn einen Einkaufswagen schnappen, damit kann man dann spezielle Bonuspunkte einsammeln. Zuerst wirkt es schwierig, aber wenn man sich über einige Runden warmgespielt hat, kann man es in die Highscore-Liste schaffen. Ich verewige mich unter dem Pseudonym »Huhnibert«.

»Wolltest du nicht nachschauen, wo dieses Ei herkommt?«, fragt meine Freundin. Stimmt. Also tippe ich die Nummer des Eis in das vorgesehene Feld: 0 – DE 1261022. Und schon habe ich das Ergebnis: »Schatz, unser Ei kommt vom Biogeflügelhof Deersheim, und wenn du's genau wissen willst: aus der Farm B2. Und hier schreibt der Verein: ›Dieser Betrieb unterliegt unserem Kontrollsystem und wird regelmäßig überwacht.‹ Es handelt sich dabei um ›Kontrollierte Biohaltung‹, was bedeutet: ›Jeder Legehenne steht neben dem gesamten Stallraum tagsüber ein uneingeschränkter Freilandauslauf zum Laufen, Picken und Scharren zur Verfügung. Die Freifläche muss Buschwerk, Hecken oder sonstige Unterschlupfmöglichkeiten sowie Wassertränken für die Tiere bieten. In der Biohaltung darf ausschließlich ökologisch erzeugtes Futter aus gentechnisch unveränderten Erzeugnissen verwendet werden.‹ Mit anderen Worten: Unserem Huhn geht es gut. Sehr gut«, sagte ich. »Woher willst du das

---

73 Dessen Mitglieder sind Legebetriebe, Packstellen, die Mischfutter-Industrie und das Eier verarbeitende Gewerbe.

wissen?«, fragte meine Freundin. »Warst du schon einmal dort?«

War ich selbstverständlich nicht. Aber, dozierte ich meiner Freundin, im Zeitalter des Internet ist das auch gar nicht nötig. Was wetten wir, dass unser Biogeflügelhof eine eigene Internetpräsenz hat? Und die hatte er dann auch, sogar die exklusive Adresse www.biohenne.de. Gleich am Anfang begrüßten uns fünf lustige Comic-Hühner, die auf einer Stange saßen. Und hier verbrachten wir dann den Rest des Nachmittags, so viel Interessantes war da über das Huhn und das Ei im Allgemeinen und Speziellen zu entdecken. Sogar ein Rezept für Spiegeleier gab es da! Auf dem Biogeflügelhof in Deersheim werden die Hühner in Farmen gehalten, die so schöne Namen haben wie »An den Eichen«, »Buschwiese«, »Wildrose« oder »Waldblick«. Unsere Farm B2 war allerdings nicht zu entdecken, vielleicht war die Seite nicht ganz auf dem Stand der Zeit gehalten. Obwohl sie doch an anderer Stelle auf dem neuesten Stand war: Hier gab es das aktuelle »Hühnerbarometer«, denn »unsere Hühner haben einen abwechslungsreichen Tag. Was der Großteil gerade macht, können Sie aktuell hier sehen …« Das war ja hochinteressant und versprach spannende Einblicke. Was unser Huhn wohl gerade machte? Ich hatte es mittlerweile insgeheim »Lotte« getauft, sie war doch mein Huhn, gewissermaßen. Lotte hatte mir ihren Nachwuchs zum Verzehr geschenkt. Damit hatte sie sich redlich einen schönen Namen verdient. Mal sehen, was das Hühnerbarometer sagte. War Lotte eine von den fleißigen fünfzehn Prozent, die gerade »Eier legen«? Oder war sie unter jenen fünfunddreißig Prozent, die im Moment »spielen«? Vielleicht gehörte sie auch zu den zwanzig Prozent, die schon »schlafen«. Oder war sie wanderlustig und, wie zehn Prozent, gerade »spazieren gehen«? Beruhigt stellte ich fest, dass auch für das leibliche Wohl der guten Lotte gesorgt wurde: Zwanzig Prozent ihrer Freundinnen waren gerade beim »Essen«. Ob sie dabei war? Eigentlich egal: Lotte ging es in jedem Fall gut. Ich startete den Film, mit dem sich der Biogeflügelhof Deersheim auf seiner Seite präsentiert. Sein Titel: »Die Biohenne als Filmstar«. Ein Klavier klimperte. »Das ist ein Bio-Ei«, sagte ein Mann. Es war ein Trickfilm, in dem jetzt ein Trickfilmei zu sehen war, aus dem ein Trickfilmküken schlüpfte, das schnell zu einem Trickfilmhuhn heranwuchs. »Und das ist Lotte«, sagte der Mann jetzt. »Lotte geht es gut. Denn Lotte ist eine Biohenne.«

»Schau einer an«, sagte ich. »Lotte? Wer nennt denn sein Huhn Lotte?«, fragte meine Freundin.

»Biohennen sind Hennen, die tagsüber im Freien viel Sport treiben«, sagte der Mann jetzt. »Deshalb sind sie auch besonders stark. So wie Lotte, wenn sie sich wieder einmal Adler Alfred vom Leibe hält.« Im Film war zu sehen, wie das Trickfilmhuhn einem Trickfilmadler in die Fresse schlug. »Weil Lotte gesund und zufrieden ist, legt sie auch gerne Eier«, sagte die Stimme. Es traten tatsächlich echte Hühner auf, die an einem strahlenden Tag und in völliger Freiheit an einem Waldrand pickten. »So kann man sie tagsüber auf den Feldern, im Wald und auf den Wiesen beobachten.« Dann war ein bärtiger Typ von »Gäa Sachsen-Anhalt« zu sehen, der bestätigte, dass der Biogeflügelhof und auch sein futterzuliefernder Bauer von Gäa[74] kontrolliert werde. Es sprach auch die Geschäftsfüh-

---

74 Ein vor allem in Ostdeutschland präsenter Verband für ökologischen Landbau mit Sitz in Dresden, www.gaea.de

rerin des Betriebes, die erläuterte, man habe schon vor Jahren den Betrieb auf biologische Haltung umgestellt, auch weil man von den ethischen Vorteilen dieser Haltungsform überzeugt sei. Zwischendurch wurden einige süße Küken gezeigt, später waren wieder die Hühner zu sehen, die sich, »erschöpft von den Anstrengungen des Tages«, zum Schlafen auf die Stange setzten und ihre »müden Augen« schlossen – »wie alle anderen Hühner auch«. »Aber bestimmt haben sie schönere Träume«, sagte der Mann mit optimistischer, dabei sanfter Stimme. Sonnenuntergang, romantische Musik, so endet der Tag auf dem Biogeflügelhof Deersheim. Und so endete auch der Film. »Lotte geht es gut«, sagte ich. »Lotte geht es richtig gut«, sagte meine Freundin. Dann fielen wir uns erleichtert in die Arme.

Später sagte meine Freundin: »Sag mal, wie machen die das eigentlich mit diesem Hühnerbarometer?« »Ist doch ganz klar«, sagte ich. »Jedes Huhn hat einen Transponder, und dieser Transponder sendet den individuellen Code der Henne an den Zentralrechner, und der weiß dann immer genau, wo sie sich gerade befindet. Technisch ist das überhaupt kein Problem mehr. Künftig werden alle Produkte solche Funkchips tragen, das ist die Zukunft[75]. Und hier hat sie schon angefangen, wo sonst als in der fortschrittlichen Biogeflügelhaltung?« »Tatsächlich«, sagte meine Freundin. »Oder die haben Leute, die ständig die Hühner im Blick behalten und beobachten, was sie den ganzen Tag lang tun«, sagte ich, »ist doch im Osten. Die haben viele Arbeitskräfte dort. Bestimmt haben die auch so eine Art Hühnerredaktion, die Neuigkeiten aus der Farm Waldblick berichtet. Oder eine eigene Zeitung herausgibt:

75 Siehe auch http://www.foebud.org/rfid

den Buschrosen-Boten. Da stehen nur gute Nachrichten drin. In Hühner- und in Menschensprache. Wir könnten uns den Buschrosen-Boten abonnieren.«

»Wenn du meinst«, sagte meine Freundin. Und wir seufzten glücklich.

»Weißt du was? Nächstes Wochenende besuchen wir Lotte. Wir leihen uns ein Auto, machen eine kleine Landpartie, schütteln Lotte die Kralle und gehen im Wald spazieren, was hältst du davon?«, sagten meine Freundin und ich gleichzeitig. Denn wie hieß es doch so schön im Werbefilm über Deersheim? »Manche Leute kommen extra hierher, um sich Bio-Eier zu kaufen.« Das konnten wir auch. Aber vielleicht sollten wir uns anmelden. Also schrieb ich eine freundliche Mail an eine der Ansprechpartnerinnen, die mir »gern persönlich Rede und Antwort stehen«, und bat um einen Termin. So ging unser Tag zu Ende und wir gingen zu Bett, um friedlich von den glücklichen Biohühnern auf dem idyllischen Astrid-Lindgren-Bauernhof zu träumen.

Leider wurde daraus nichts. Ich schlief unruhig, wälzte mich hin und her. Und dann wachte ich auf. Draußen wehte ein Sturm. In der Wohnung knackte es irgendwo. Mit offenen Augen lag ich da. Nebenan hustete der Nachbar. Mein Körper musste Lottes Leibesfrucht mittlerweile völlig absorbiert haben. Was sie wohl gerade trieb? Ging es ihr wirklich gut? Der Gedanke ließ mir keine Ruhe. Ich stand auf. Es war ein Uhr achtundvierzig. Ich ging ins Wohnzimmer. Der Fußboden knarzte. Auf dem Tisch lag noch mein Notebook. Ich klappte es auf und besuchte die Seite des Biogeflügelhofs. Die Seite baute sich auf. Gleich würde mir das Hühnerbarometer Gewissheit und einen ruhigen Schlaf schenken. Jetzt mussten alle Hühner friedlich schlafen. Hundert Prozent auf dem Hühnerbarometer. Sollte auch nur ein Prozent noch wach sein und als spazieren gehend gemeldet werden, ich wäre mir sicher gewesen: Lotte ist noch wach und hat sich verlaufen. Das arme Tier! Oder musste sie etwa als Einzige noch aufbleiben und Eier legen bis spät in die Nacht? Vielleicht hatte sie einfach einen schlechten Tag gehabt oder keine Lust. Auch ein Huhn hat ein Recht auf einen schlechten Tag! Auf Lohnfortzahlung im Krankheitsfall und dreißig Tage Urlaub im Jahr. Ich würde mich sofort bei der Hühnergewerkschaft beschweren. Oder, falls nötig, eine gründen. Die Seite war geladen.

Das aktuelle Hühnerbarometer, das mich in dieser stürmischen Nacht doch eigentlich hätte beruhigen sollen, versetzte mich in Panik. Laut Statistik, aufgerufen um kurz vor zwei Uhr nachts auf www.biohenne.de, waren gerade in diesem Moment fünfzig Prozent der Hühner dabei, Eier zu legen. Das konnte doch nicht sein! Zwanzig Prozent spielten! Fünfzehn Prozent machten gerade eine Nachtwanderung. Zehn Prozent gönnten sich ein Mitternachtsmahl. Und nur fünf Prozent taten das, was Hühner um diese Zeit eigentlich längst tun müssten: Sie schliefen. Wie konnte das sein? Waren die Hühnerzähler verreist? Oder schliefen etwa sie? War der Zentralrechner defekt, waren die Transponder gestört?

Ich rief meinen Kumpel Michael an. Michael betreibt eine kleine Internetfirma und kennt sich mit so etwas aus. »Bist du noch wach?«, fragte ich. »Jetzt wieder.« Und ich erzählte ihm die Geschichte von Lotte und dem Transponder, der ja wohl kaputt sein müsse. »Hmm«, sagte Michael, »du solltest das im Auge behalten. Vielleicht bewegt sich das Hühnerbarometer gar nicht. Könnte sein,

dass der Hauptrechner abgestürzt ist und keine aktuellen
Daten mehr liefert. Oder die Transponder gestört sind.
Das kann schon mal passieren.« Ich klickte auf »Aktualisieren«. Die Grafik blieb dieselbe. »Behalt das Hühnerbarometer besser mal im Auge. Ich gehe wieder schlafen.«
Er lachte grimmig, was ich mir nicht erklären konnte, da
es sich hier doch um eine sehr ernste Angelegenheit handelte. Aber als ich ihn nach dem Grund seiner Heiterkeit
fragen wollte, da hatte er schon aufgelegt.

Was blieb mir anderes übrig? Ich folgte seinem Rat, saß
da und beobachtete die Grafik, Minute um Minute. Ich
nahm mir vor, sie jede Minute einmal zu aktualisieren,
aber es machte keinen Unterschied, ob ich ständig aktua-
lisierte, nichts veränderte sich, nichts geschah. Vielleicht
jetzt? Nein, immer noch nicht. »Kommst du nicht schlafen?«, fragte meine Freundin. »Später, meine Liebe. Ich
muss Lotte beobachten«, sagte ich. Nochmal aktualisieren.
Immer noch nichts. Sie ging wieder ins Bett. Ich stand auf,
machte mir eine Tasse Tee und schaute in den Kühlschrank.
Es waren noch vier Eier in dem Karton, aus dem ich am
Morgen Lottes Ei genommen hatte. Wenn mit Lotte irgendetwas nicht in Ordnung wäre, dann würde ich diese Eier
nicht mehr essen wollen. Ich würde sie feierlich beerdigen
und in tiefem Respekt vor der Kreatur vor ihrem Grab ver-
harren. So wie jetzt vor dem Hühnerbarometer. Aber nichts
passierte. Immer wieder fielen meine Lider, einmal war ich
kurz davor einzuschlafen, ganz kurz davor, aber plötzlich
war da ein lautes Schnarchen zu hören, und davon wachte
ich wieder auf. Es war vier Uhr dreiunddreißig. Und es
hatte sich etwas getan auf dem Biogeflügelhof. Jetzt waren siebzig Prozent der Hühner damit beschäftigt, Eier zu
legen, zehn Prozent spielten, fünf Prozent schliefen, zehn

Prozent gingen spazieren und fünf Prozent stärkten sich. Der Biobauernhof war wieder auf Sendung! Ich war elektrisiert. Und ließ das Hühnerbarometer nicht mehr aus den Augen. Aber dort tat sich – nichts. Wieder nichts. War es wieder abgestürzt? War etwa mein Rechner abgestürzt? Nein, alles in Ordnung. Nur das Hühnerbarometer stand wieder still. Aber diesmal blieb ich wach.

Ich war zum Hühnerforscher geworden. Und Folgendes fand ich während meiner siebentägigen Beobachtung, vierundzwanzigstündigen Überwachung heraus: Die Hühner auf dem Biogeflügelhof Deersheim hatten einen sehr geregelten Tagesablauf. Sie verhielten sich statistisch gesehen sehr regelmäßig immer wieder gleich. Es gab tatsächlich nur acht verschiedene statistische Verteilungen, die das Verhalten der Hühner anzeigten. Alle drei Stunden wechselte die Anzeige, immer in derselben Reihenfolge. Im statistischen Mittel ergab sich für Lotte folgendes Tagespensum: acht Stunden und zweiundvierzig Minuten verbrachte sie im Schnitt damit, Eier zu legen, was mir als ungewöhnlich viel erschien. Sie schlief nur vier Stunden und drei Minuten.[76] Fürs Spielen hatte sie neun Minuten mehr Zeit. Drei drei Viertel Stunden ging sie spazieren. Und immerhin drei Stunden und achtzehn Minuten verbrachte sie mit der Nahrungsaufnahme. Also, rein statistisch. Anders konnte ich das nicht herausfinden. Denn der Biogeflügelhof antwortete nicht auf meine Mail. Also rief ich an. Was gar nicht so einfach ist. Denn um Auskünfte zu erhalten, muss man mit der Geschäftsführerin sprechen.

76 Obwohl doch an anderer Stelle der Biohenne-Selbstdarstellung stand, dass die Hennen, gemäß den Gäa-Richtlinien, acht Stunden Nachtruhe hätten.

Und die ist eine beschäftigte Frau, wie sie mir auch gleich sagte, als ich sie erreichte. Ich könne deshalb leider auch nicht kommen. Sie bezweifelte, dass das Ei, das ich im Supermarkt gekauft hatte, aus ihrem Betrieb stammte. Um sicherzugehen, dass ich mich nicht geirrt hatte, las ich ihr nochmal die Nummer vor: 0 – DE 1261022. Und es stellte sich heraus: Lotte befand sich nicht in Deersheim, sondern in Bestensee. Deersheim, lernte ich später, ist ein Ort mit achthundert Einwohnern, gehört zu Sachsen-Anhalt und befindet sich im Nichts der ehemaligen Zonengrenze zwischen Magdeburg und Salzgitter. Die Farm B2, aus der mein Ei stammte und in der folgerichtig Lotte wohnte, gehörte zwar der Biogeflügelhof Deersheim GmbH, stand aber in Bestensee[77], einem brandenburgischen Ort in der Nähe von Pätz und Motzen, ungefähr vierundvierzig Kilometer südlich von Berlin. Das war eine »Packstelle«, wie die Geschäftsführerin sagte, was ich so verstand, dass dort Eier eingepackt wurden. Ob ich denn die Packstelle besuchen könnte? Das müsse ich mit dem Leiter der Packstelle vereinbaren, sagte die Geschäftsführerin.

 Was Sie tun können

Leben Sie nach dem Hühnerbarometer
Arbeiten Sie acht Stunden am Tag. Spielen Sie vier Stunden. Verbringen Sie fast vier Stunden an der frischen Luft. Essen Sie drei Stunden lang. Schlafen Sie vier Stunden. Machen Sie das jeden Tag. Schaffen Sie es länger als Ihr Partner? Diskutieren Sie.

---

77 Sechstausendsechshundertsiebenundzwanzig Einwohner.

Ob sie mir denn in der Packstelle einen Ansprechpartner nennen könne, fragte ich die Geschäftsführerin. Ich sollte ihr meine Nummer geben, sie würde mich zurückrufen. Tatsächlich rief sie am selben Nachmittag an. Aber ich verpasste ihren Anruf. Und als ich sie zurückrufen wollte, war sie in Urlaub. Erst zwei Wochen später sollte ich sie wieder erreichen können.

Zwischendurch machte ich mir wieder Gedanken über das Hühnerbarometer. Traf es auf Lotte zu? Wahrscheinlich nicht. »Was der Großteil unserer Hühner gerade macht«, das bezog sich wahrscheinlich nur auf die ortsansässigen Hennen in Deersheim. Und Lotte war in Bestensee. Die Ökobilanz betrachtet, war das viel besser als Deersheim – das Ei musste nicht unsinnigerweise zweihundertvierunddreißig Kilometer in einem LKW herangefahren werden, sondern stammte direkt aus der Umgebung. Ein regionales Produkt. Wie es wohl Lotte ging? Ich musste immer noch an sie denken, wenn auch nicht mehr ganz so viel wie früher.

»Hast du eine andere?«, fragte meine Freundin. »Ich denke an Lotte«, sagte ich. »Du denkst an ein Huhn.« Ich hörte, wie sie es am Telefon einer anderen Person erzählte: »Mein Freund denkt an ein Huhn.« Aber das beirrte mich nicht. Und endlich erreichte ich die Geschäftsführerin wieder. Und sie erinnerte sich sogar noch an mich. Nur – leider könne ich die Packstelle nicht besuchen. Wegen der Vogelgrippe, ich müsse verstehen.

Die Vogelgrippe. Diese schreckliche Krankheit, an der wir vor einiger Zeit einige Monate lang alle gestorben sind. Ich hatte sie fast schon wieder vergessen, aber sie war immer noch da – in Gestalt von Stallpflicht. In Vogelgrippegefahrenzonen verhängt das zuständige Veterinäramt im

Bedarfsfall eine dauerhafte Stallpflicht für Geflügel. Zwar war die Freilandhaltung in vielen Gebieten zwischenzeitlich wieder dauerhaft erlaubt worden – in Bestensee jedoch bestand sie immer noch. Das bedeutete, dass Lotte niemals spazieren gehen konnte. Sie wurde in einer Halle gehalten. Trotzdem dürfen so hergestellte Eier Bio-Eier heißen – auch wenn die Hennen, die sie legen, niemals im Freien waren.[78] Es kommt nur darauf an, dass sie biologisch erzeugtes Futter bekommen, dann bleiben sie auch dann Bio-Hennen, wenn sie wegen Vogelgrippe-Gefahr dauerhaft eingesperrt sind. Damit änderte sich Lottes von mir konstruierter Tagesablauf radikal. Offensichtlich hatte Lotte die Vogelgrippe erwischt, jedenfalls hatte sie ihr die Freiheit geraubt. Ich war, muss ich gestehen, geschockt. So geschockt, dass ich ganz vergaß, die Geschäftsführerin nach der genauen Adresse von Lottes Heimatfarm »B2« zu fragen. Ich überlegte gerade, ob ich sie nicht gleich nochmal anrufen sollte, da klingelte das Telefon. Es war Michael.

»Wollte nur wissen, ob du immer noch vor dem Hühnerbarometer hockst«, sagte er. »Nein, Lotte wohnt gar nicht in Deersheim«, sagte ich, »war aber trotzdem ganz interessant. Ich glaube, die stellen dort irgendetwas Seltsames mit den Hühnern an. Die haben einen ganz genau abgezirkelten Lebensrhythmus, legen unglaublich lange Eier und schlafen kaum.«

Und je länger ich erzählte, desto mehr musste Michael lachen. »Ich kann dich beruhigen«, sagte Michael. »Dein Huhn bekommt seinen Nachtschlaf, keine Sorge.«

78 Verordnung (EG) Nr. 699/2006 der Kommission zur Änderung von Anhang I der Verordnung (EWG) Nr. 2092/91 des Rates hinsichtlich der Bedingungen für den Zugang von Geflügel zu Auslauf im Freien.

»Aber wie kann das sein, wenn doch das Hühnerbarometer etwas ganz anderes anzeigt?«, fragte ich.

»Wie das sein kann? Das will ich dir sagen: Dein Hühnerbarometer ist ein kompletter Scheiß. Die verarschen dich. Die Hühner werden nicht gezählt. Das ist ganz simpel programmiert. Diese Prozentzahlen hat sich jemand ausgedacht. Das kann doch jeder. Kann ich dir auch machen. Ich würde es aber schlauer anstellen, etwas plausibler, als die das offensichtlich gemacht haben.«

Da fiel es mir wieder ein. Er hatte es mir ja schon einmal erzählt. Michael hatte ganz am Anfang, kurz nach der Firmengründung, einen Kunden, der Strip-Shows über das Internet verkaufen wollte. Die Darstellerinnen arbeiteten hauptberuflich als Prostituierte in einem Bordell, das nur wenige Straßen von der Firma entfernt war. Der Bordellbesitzer wollte mit dem Internet-Sex die Zeit versilbern, in der die Frauen auf reale Kunden warteten. Michael und sein Kompagnon installierten die Webcams und betreuten die technische Übertragung. Wenn eine rote Lampe aufleuchtete, bedeutete das, dass ein virtueller Freier online war, und von den Frauen wurde erwartet, dass sie sich dann entkleideten und an sich herumspielten. Das Geschäft lief aber schlecht. Aus irgendeinem Grund wollte der Zuhälter nicht, dass die Frauen merkten, dass kaum jemand sie strippen sehen wollte. Also schrieb Michael ein kleines Programm, das in unregelmäßigen Abständen im Puff die rote Lampe aufleuchten ließ. Auf dem Bildschirm im Bordell zeigte das Programm zufällig erzeugte Äußerungen von erfundenen Chatteilnehmern an: Die Frauen sollten glauben, dass irgendwo an einem Rechner ein Kunde saß und ihnen zusah und beispielsweise »Show me your tits« eintippte. Und sie glaubten es. Und taten es. Die Frauen strippten, zogen sich aus, räkelten sich, und niemand war da, der ihnen dabei zugesehen hätte. »Wir haben die Hühner ganz schön tanzen lassen«, sagte Michael und lachte dreckig. »Alle glauben, was der Computer ihnen sagt oder die Statistik. Und das gilt insbesondere für die computererzeugte Statistik. Dafür sind die gemacht. Aber du glaubst es auch? Du hast es doch nicht wirklich geglaubt?« Er lachte wieder. Und immer noch lachend legte er auf.

Das gab mir den Rest. Lotte saß irgendwo im Dunklen. Die Hühner in Deersheim taten wohl alles Mögliche, aber nicht das, was das sogenannte Hühnerbarometer gerade anzeigte. Ich wusste weniger über mein Bio-Ei als je zuvor. Auf der Biohenne-Homepage suchte ich verzweifelt nach einem Hinweis darauf, dass vielleicht doch alles in Ordnung wäre. Und tatsächlich, ich fand ihn. Zertifikate! Warum hatte ich nicht schon früher an die Zertifikate gedacht?

Zertifikate sind eine ganz tolle Sache. Weil wir Verbraucher nicht alles selbst überprüfen können, schicken wir unabhängige Fachleute in die Betriebe, die überprüfen dann für uns. Die Prüfer stellen anschließend ein Zertifikat aus, das wir Verbraucher dann mehr oder weniger intensiv zur Kenntnis nehmen. Die Hauptsache ist, dass es ein Zertifikat gibt. Dann sind wir schon beruhigt. Die Prüfer kennen sich doch viel besser aus als wir! Prüfern können wir vertrauen. Und auch ihren Zertifikaten. Der Biogeflügelhof Deersheim hatte gleich vier davon auf seiner Homepage, denn »alle unsere Bemühungen werden irgendwann einmal belohnt«. Das erste Zertifikat trug das Label des International Food Standard (IFS) und bescheinigt dem Biogeflügelhof Deersheim, diesen »auf höherem Niveau« erfüllt zu haben. IFS ist eine Organisation der Einzelhändler, also der verkaufenden Supermärkte. Sie prüfen die angeschlossenen Betriebe zwar, machen die Ergebnisse der Prüfung aber nicht öffentlich. Das Siegel war für mich sowieso wertlos: Hier bestätigte die Verkäuferseite, dass mit dem Produkt alles in Ordnung sei. Und dass die Verkäufer dieser Ansicht waren, das wusste ich ja schon. Ich wollte aber, dass mir unabhängige Experten bestätigten, dass es Lotte gut ging. Das zweite Zertifikat stammte vom Öko-Landbau-Verband Gäa, mit dem der Biogeflügelhof Deersheim sehr viel Werbung macht. Ist ja auch ein vertrauenswürdiger Verband, unabhängig und streng, mit Richtlinien, die über jene von der EU vorgeschriebenen hinausgehen. Und dann gab es noch zwei Zertifikate von einer »Öko-Prüfstelle e. V.« namens »Grünstempel«. Eines war die »Bestätigung der ökologischen Bewirtschaftung«, das andere ein »Kontrollzertifikat«, das irgendwie nochmal dasselbe bestätigte. O.K., immerhin drei Zertifikate von zwei unabhängigen Stellen. Ich wollte den Computer schon ausschalten, da wurde ich stutzig. Und sah nochmal genauer hin. Alle vier Zertifikate waren bereits abgelaufen, seit über einem Jahr. Kann ja mal passieren, dass man seine Webseite nicht aktualisiert. Also rief ich bei Gäa an. Und erreichte tatsächlich sofort eine freundliche Mitarbeiterin. Die mir aber erklärte, dass der Biogeflügelhof Deersheim nicht mehr nach Gäa-Richtlinien zertifiziert sei. Wie denn das käme?, wollte ich wissen. Ja, dieser Hof sei vom Gäa-Landesverband Sachsen-Anhalt zertifiziert, sagte sie. Na und? Tja, stellte sich heraus, der Gäa-Landesverband Sachsen-Anhalt sei nicht mehr im Bundesverband und auch nicht berechtigt, Gäa-Zertifikate auszustellen. Seltsam. Warum denn der Landesverband Sachsen-Anhalt nicht mehr im Bundesverband sei? Und da erzählte die freundliche Gäa-Mitarbeiterin von unterschiedlichen Auffassungen, aber um was es eigentlich ging, erzählte sie mir nicht. Sie plauderte so freundlich, dass wir uns längst in einem allgemeinen Gespräch über Bio-Essen befanden, als es mir auffiel, und dann kam es mir unhöflich vor, noch weiter nachzubohren.

Also sprachen wir über Bio-Lebensmittel im Allgemeinen. Ob denn Bio-Kost aus dem Supermarkt überhaupt gesünder sei als konventionelle Ware, wollte ich wissen. Na ja, das sei wissenschaftlich schwer nachzuweisen, sagte sie. Aber immerhin seien Bio-Lebensmittel grundsätzlich weniger mit Pestiziden belastet als konventionelle. Sie erzählte mir von einer Studie[79] aus Österreich. Deren Verfasser hatten 170 internationale Untersuchungen ausgewertet. Unter anderem heißt es bei ihnen, dass Bio-Gemüse und Bio-Obst mehr Vitamine habe als konventionelles, besser haltbar sei, weniger Nitrat enthalte, deutlich geringere Pestizid-Rückstände aufweise und, laut Geschmacksproben, besser schmecke. Bio-Fleisch habe eine günstigere Fettsäurezusammenfassung, Bio-Eier eine höhere ernährungsphysiologische Qualität – weil die Hühner besseres Futter bekommen. Kein Gift und kein genverändertes Essen hätten zum Beispiel bei Männern einen ganz konkreten Effekt: Männer, die sich ausschließlich organisch ernähren, sind dänischen Vergleichsuntersuchungen zufolge fruchtbarer als andere.[80] Hochinteressant. Allerdings

79 Alberta Verlimoriw und Werner Müller: »Die Qualität biologisch erzeugter Lebensmittel. Ergebnisse einer umfassenden Literaturrecherche«, Wien 2003, insgesamt und als Kurzfassung erhältlich unter www.ernte.at

80 Jensen TK et al. (1996), Semen quality among members of organic food associations in Zealand, Denmark, The Lancet, 347, S. 1844.

arbeiteten die Bio-Dänen mit dem Super-Sperma auf einer Ökofarm und die normal fruchtbaren nicht. Interessanter fände ich eine Vergleichsstudie mit Dänen, die sich von Supermarkt-Billig-Öko-Produkten ernähren.

Die Öko-Lebensmittel-Branche, sagte die Gäa-Frau, stehe im Zentrum der öffentlichen Aufmerksamkeit wie sonst keine. Dabei habe sie nur einen Marktanteil von deutlich unter fünf Prozent. Gäa überbiete zwar die EU-Öko-Richtlinie, verlange also noch besseres Futter, noch mehr Auslauffläche, noch weniger Gift – aber immerhin, wenn die gesamte EU-Landwirtschaft nach der EU-Richtlinie arbeiten würde, dann wären wir schon ein ganzes Stück weiter, sagte die Bio-Lobbyistin. Und weil die Branche noch relativ klein sei, habe man noch gar nicht die Möglichkeiten, über das reine Herstellungsverfahren hinaus nachhaltig zu produzieren. Und so könne es eben sein, dass in einem Jahr mit schlechter Kartoffelernte die Bio-Kartoffeln nicht vom Bauern nebenan kommen, sondern mit dem Schiff aus Übersee. Und das sogar, wenn es in den deutschen Lagern noch genügend Bio-Kartoffeln gäbe – aber eben nicht die schönen Frühkartoffeln, sondern schon etwas ältere, verschrumpelte. Und die wolle der Biokunde nicht mehr haben. Klar sei es ein Ziel, alles in der Region zu produzieren, um beim Transport möglichst wenig Energie zu verbrauchen, aber die Branche sei noch zu klein und zu jung, um dieses Ziel jetzt schon erreichen zu können, sagte die Gäa-Frau. Ein sehr interessantes Gespräch. Trotzdem wurde ich langsam unruhig. Denn Lotte hatte mich all das kein Stück näher gebracht. Nun ja, vielleicht könnten mir ja die Leute bei Grünstempel mehr berichten, dachte ich, und suchte mir die Adresse heraus. Und es stellte sich heraus, dass Grünstempel dieselbe Adresse hatte wie Gäa

Sachsen-Anhalt, der Verein war, wie ich später lernte, aus Gäa Sachsen-Anhalt hervorgegangen. Die Dame, die ich bei Grünstempel erreichte, konnte mir noch nicht einmal sagen, wann Grünstempel gegründet worden war, ohne mich auf ihren Chef zu verweisen, der aber nicht da sei. Immerhin, so viel konnte sie mir sagen: Der Biogeflügelhof Deersheim werde nach wie vor von Grünstempel geprüft und erfülle nach wie vor die EU-Öko-Kriterien. Immerhin.

Ich rekapitulierte. Das Bio-Ei mit der Nummer 0 – DE 1261022, Lottes Leibesfrucht, die ich am Sonntag verspeist hatte, stammte nicht von einer Henne, die sich in Wald und Wiese vergnügte, wie es mich der Werbefilm der Erzeugerfirma glauben machen wollte. Die Firma war auch nicht nach den Gäa-Richtlinien zertifiziert, wie sie behauptete. Der Landesverband, der ihr Zertifikat ausgestellt hatte, durfte mittlerweile keine Gäa-Zertifikate mehr ausstellen – aus welchen Gründen auch immer. Es war also von vier Zertifikaten auf der Biohenne-Seite eines von einem Industrieverein ausgestellt und drei stammten von ein und derselben Adresse. Dazu waren alle vier veraltet. Ich forschte weiter nach. Der einzige Eier erzeugende Betrieb in Bestensee ist laut Auskunft der Gemeinde die »Landkost Ei Erzeugergemeinschaft GmbH«[81]. Sie besitzt in Brandenburg, Sachsen und Sachsen-Anhalt Legeplätze für drei Millionen Hennen, die im Jahr eine Milliarde Eier legen, und machte im Jahr 2001 einen Umsatz von rund 92 Millionen Euro. Ein Drittel der Landkost-Legeplätze sind

81 Surfen Sie bloß nicht auf deren Homepage www.landkost-ei.de – oder schalten Sie vorher unbedingt die Lautsprecher aus. Sie werden sonst von einem Hühnerchor-Intro gequält.

für Boden- oder Freilandhaltung ausgestattet. Mit anderen Worten: Zwei Millionen Landkost-Hühner hausen in Käfigen. Die Landkost-Ei gehört (zum Teil) einer Familie Eskildsen. Der Biogeflügelhof Deersheim ist ebenfalls ein Eskildsen-Betrieb. Stammte das Ei 0 – DE 1261022 von Landkost-Ei? Stand in Bestensee die Farm B2, in der Lotte lebte?

Ich schickte eine Mail an den Biogeflügelhof Deersheim. Ich wollte jetzt verdammt nochmal wissen, wo Lotte war. Ich wollte außerdem wissen, warum die Deersheimer mit einem Zertifikat warben, das längst abgelaufen war. Und ich wollte endlich wissen, wie das Hühnerbarometer funktionierte. Ob es überhaupt funktionierte. Auf eine Antwort warte ich heute noch.

 **Was Sie tun können**

Warum immer nur Kinder aus der Dritten Welt adoptieren? Machen Sie es anders – adoptieren Sie ein Huhn! Stellen Sie mit Ihrer Adoption sicher, dass es dem Huhn gut geht. Nachteil: Ein Huhn schreibt keine Briefe. Vorteil: Sie müssen auf keine Briefe antworten.

Am Anfang hatte ich es mir so einfach vorgestellt. Ich kaufe ein Bio-Ei und mit dem Bio-Ei ist dann alles in Ordnung. Ich konnte Lotte – theoretisch – von Angesicht zu Angesicht gegenübertreten, ihr die Kralle schütteln und, wenn es sein musste, auch den Adler Alfred vertreiben. Und jetzt? Ich wusste gar nichts. Meine Freundin steckte den Kopf zur Tür herein. »Brütest du immer noch über dem Ei?«, fragte sie. Das tat ich. Aber es hatte keinen Sinn mehr, hier herumzusitzen. Wenn ich unbedingt wissen wollte, wie es Lotte ging, dann musste ich sie suchen gehen. Es blieb mir nichts mehr anderes übrig.

Ich bin dann also hingefahren, den ganzen Weg nach Brandenburg. Habe mir bei der erstbesten Autovermietung das billigste Modell gemietet und bin losgefahren. Erst als ich schon drinsaß, merkte ich, dass es sich um einen weißen Kastenwagen handelte, wie ihn auch Natascha Kampuschs Entführer Wolfgang Priklopil benützt hatte. Man fährt von Kreuzberg aus etwa eine Stunde nach Bestensee, wenn die Straßen frei sind und man sich nicht verfährt. Die Straßen waren voll und ich habe mich verfahren. Kurz vor Bestensee hätte ich beinahe einen Hasen überfahren, zum Glück konnte ich noch rechtzeitig bremsen. Als ich endlich ankam, war es bereits stockdunkel. Ich fuhr durch den menschenleeren Ort, dachte schon, ich wäre wieder hinausgefahren und fand dann ein ganzes Stück weiter doch noch die Einfahrt eines Agrarbetriebes mit einem großen »Landkost«-Schild davor. Das eigentliche Firmengelände war mit einer Schranke versperrt. In der Verwaltungsbaracke brannte noch Licht. O.K., ich hatte jetzt mehrere Möglichkeiten. Ich parkte den Wagen auf dem Parkplatz, stieg aus, steckte mir eine Zigarette an und überlegte. Ich könnte da jetzt reingehen und nach der Farm B2 fragen. »Wo sind die Hühner?«, könnte ich fragen oder rufen: »Bringen Sie mich zu den Hühnern!« Ich hatte keinen Termin. Es war nach sechs Uhr abends. Wegen der Vogelgrippe war jeder Personenverkehr von Amts wegen auf das Nötigste zu begrenzen. Die Chancen standen schlecht, dass jemand für mich eine Ausnahme machen würde. Ich könnte mich jetzt wieder ins Auto setzen, Anlauf nehmen und mit dem Kastenwagen die Schranke durchbrechen und zu den Ställen rasen. Auf dem Luftbild hatte ich gesehen, dass sich dahinter ein großer Komplex mit Stallungen befand, insgesamt dreißig etwa fünfzig Meter lange Gebäude, in kleinen Gruppen im Wald stehend, in der näheren Umgebung nochmal dreißig Gebäude mehr.[82] Ich könnte jetzt durchbrechen und die mehrere Kilometer lange Betriebsstraße hinunterjagen, ganz hinter bis zum letzten Stall rasen und ihn aufbrechen[83], »Lotte!«, würde ich rufen, »LOOOTTEE!«, und vielleicht würde ich sie finden und sie endlich fragen können: »Geht es dir gut, Lotte? Sag es mir, geht es dir gut?«

Da ging eine Tür auf und eine Frau kam heraus. Sie beendete gerade ihren Arbeitstag und ging zum Parkplatz zu ihrem Auto und sah dort neben einem gemieteten weißen Kastenwagen einen Mann im Dunkeln stehen, der gerade an einer Zigarette sog und sie unschlüssig anstarrte. Ich sagte: »Guten Abend.« Sie sagte: »Guten Abend.« Dann stieg sie in ihr Auto und fuhr davon. Und ich drückte die Zigarette aus, schnappte noch ein wenig frische Luft und fuhr nach Hause. Ich wollte nicht der Freak sein, der nachts Frauen auflauert. Oder Hühnern.

Auf dem Heimweg dachte ich nach. Sollte ich in Zukunft noch Bio-Eier kaufen, obwohl es nicht möglich war, Lotte zu finden? Seit neuestem waren alle Bio-Eier in meinem Supermarkt mit dem Kennzeichen NL versehen. Nach Holland würde ich sicher nicht fahren wollen. Aber

---

82 Selbst nachzählen: 52°13'30.63"N, 13°36'30.43"O.

83 Dann würde ich vielleicht bei www.tierbefreier.de als Held gefeiert werden. Wie dort zu lesen ist, muss man sich nicht davor fürchten, wegen Tierbefreiung zu einer Haftstrafe verurteilt zu werden. Ein gefangener Aktivist schreibt: »Das Essen ist das beste, das ich je in einem Gefängnis bekommen habe.«

deswegen auf Nicht-Bio-Eier umsteigen? Nein, ich würde weiter Bio-Eier kaufen. Dass ich Lotte nicht sehen konnte, bedeutete nicht zwangsläufig, dass es ihr schlecht ging. Dass mich Lottes Besitzer einseifen wollten, bedeutete nicht, dass sie gegen Gesetze verstießen. Vielleicht hatte ich einfach Pech gehabt mit meinem Ei. Vielleicht waren alle anderen Eier perfekt und ihre Hennen glücklich, kräftig, jederzeit besuchbar. Mein Ei, das war ja nur eines von über neun Milliarden. Ich wollte es gerne glauben. Ich war ja nur ein Konsument. Und übermorgen war wieder Sonntag.

Nachwort
Was Sie tun können.
Also im Ernst jetzt. Und Licht ausschalten
nicht vergessen

Herzlichen Glückwunsch. Sie haben das ganze Buch gelesen. Was wollen Sie jetzt tun? Werden Sie ab morgen Bio-Eier kaufen? Ihr Auto weniger benutzen? Werden Sie sich von Ihren Flugreise-Sünden mit Atmosfair-Zertifikaten freikaufen? Haben Sie vor, Ihr Leben zu verändern? »Wie kannst du so ein Buch schreiben und dabei dauernd vergessen, die Heizung und das Licht auszuschalten?«, fragt meine Freundin.

Immerhin habe ich damit angefangen, meinen Lebensstil in Frage zu stellen. Und mich zu gruseln, wenn das Wetter mal wieder verrückt spielt. Im Sommer stürmt es, im Winter ist es zu warm. Jeder UN-Klimabericht ist schlimmer als der vorherige. Und es sind nicht mehr nur die Vegetarier und Baumschützer, die sich Sorgen machen. Selbst die Boulevard-Medien geben ihren Lesern seit neuestem Umweltschutztipps – und raten, weniger mit dem Auto zu fahren und Energiesparlampen zu benutzen. Wenn wir jetzt alle mitmachen – schaffen wir es dann noch, der großen Umweltkatastrophe zu entgehen?

Nein. Die Änderung des persönlichen Lebensstils reicht nicht aus, um die Welt zu retten. Letztlich lenken all die gut gemeinten Tipps zum persönlichen Umweltschutz nur davon ab, härtere Gesetze und höhere Auflagen zum Schutz der Umwelt und der Gesellschaft bei Politik und Industrie einzufordern. Und selbst wenn wir uns jetzt alle gemeinsam furchtbar anstrengen, werden wir die Schäden nicht mehr rückgängig machen können, die die Menschheit in den letzten hundert Jahren dem Planeten Erde zugefügt hat. Wir können nur noch versuchen, sie abzumildern. Und uns auf ihre Folgen einstellen.

Es gibt zwei Möglichkeiten, mit dieser Perspektive umzugehen.

Wir könnten sie als Freibrief nützen, als Entschuldigung dafür, einfach so weiterzumachen wie bisher. Endlich Einkaufen ohne schlechtes Gewissen! Ist doch einerlei, ob wir fair gehandelte und hergestellte Produkte kaufen oder nicht. Ausbeutung wird es weiter geben. Umweltzerstörung auch. Es ändert doch sowieso nichts mehr, was wir tun. Neue Klamotten bei H & M besorgen. Das iPhone von Apple zu Weihnachten. Und im Urlaub an den Strand der Insel Pitcairn.[84]

Aber einkaufen ohne schlechtes Gewissen – das kann nur, wer kein Gewissen hat, nicht den Arbeitern und der Umwelt gegenüber, nicht den Tieren und auch nicht den Kindern, von denen wir doch, wie jeder weiß, diese Welt nur geliehen haben. Verantwortung für kommende Generationen? Betrifft uns nicht. Wir haben keine Kinder. Wir verhalten uns wie Partygäste, die nicht zur Kenntnis nehmen wollen, dass die Party schon vorbei ist. Noch schnell möglichst viel Spaß haben, so lange es noch geht. Den Ratten nicht unähnlich suchen wir stets unseren Vorteil. Die langfristigen Auswirkungen unserer Handlungen interessieren uns nicht. Wir sind geborene Optimierer.

Die zweite Möglichkeit: Leisten wir uns ein schlechtes Gewissen. Das bedeutet: nie wieder in einen Burger beißen

84 25°4'8.99"S 130°5'36.40"W.

können, ohne über Tierhaltung nachzudenken. Nie wieder einen Porsche toll finden können, der unverschämte dreihundert Gramm CO_2 pro Kilometer in die Atmosphäre bläst. Glauben wir daran, dass wir nicht Einzelne sind, sondern viele. Und dass wir mit unseren täglichen Konsumentscheidungen die Welt trotz allem etwas besser machen können.

Völliger Konsumverzicht ist keine Option. Wenn wir uns beim Einkaufen in Zukunft aber nur noch für gute Marken entscheiden wollen, dann müssen wir zunächst einmal wissen, was eine gute Marke überhaupt ist. Die Unterscheidung zwischen Gut und Böse ist oft nicht leicht. Marken sind an sich nicht gut oder böse. Sie sind in einem Punkt alle gleich: Die Konzerne, die sie uns anbieten, wollen einen hohen Gewinn machen. Auch das ist an sich noch nicht gut oder böse. Es kommt darauf an, auf welche Weise wir Konsumenten ihnen diesen Gewinn ermöglichen. Gestern kann es für einen Konzern noch am gewinnträchtigsten gewesen sein, seine Produkte in Tschechien herstellen zu lassen, heute lässt er sie in China machen – immer dort, wo Arbeit am billigsten zu kaufen ist. Die Arbeitsbedingungen und Auswirkungen auf die Umwelt bei der Herstellung interessieren keinen Konzern mehr als unbedingt nötig. Die Konzerne tun nichts ohne Grund. Aber wenn wir es wollen, könnte es morgen für die Konzerne nur noch dann möglich sein, Gewinn zu machen, wenn sie wirklich gute Marken herstellen. Fair und umweltschonend – weil wir ihnen nur noch solche Produkte abkaufen.

Wenn wir darauf Wert legen, dann dürfen wir nicht den Fehler machen, uns zu schnell zufrieden zu geben. Ein Testurteil »gut« für einen Cheeseburger macht aus

McDonald's-Fastfood noch lange keine gute Ernährung. Ein Ökolabel für Babykleidung bei H & M macht aus dem schwedischen Konzern noch lange keinen Vorreiter beim Umweltschutz. Von fairer Bezahlung wollen wir hier gar nicht erst reden. Und dass Bio-Hennen wirklich glücklicher sind, das glaube ich erst, wenn ich eine gesehen habe. Wir müssen den Konzernen ständig einen Grund geben, ihre Produkte noch umweltfreundlicher zu machen und ihre Angestellten noch besser zu behandeln. Es reicht nicht aus, wenn wir nur glauben, eine gute Marke gekauft zu haben. Wir müssen genauer hinsehen. Vor allem aber ist es das, was wir tun können: Alle vier Jahre können wir Politiker wählen, die sich gegen Umweltzerstörung und für eine gerechtere Gesellschaft einsetzen. Und wir können wählen, was und wo wir einkaufen. Jeden Tag. Ich will daran glauben, dass wir etwas ändern können. Und nicht vergessen, das Licht auszuschalten.

Berlin, im Juli 2007
Stefan Kuzmany

Danksagung

Mein Dank gilt Peter Sillem vom S. Fischer Verlag für sein Vertrauen und die angenehme Zusammenarbeit. Den Kolleginnen und Kollegen bei der taz danke ich für die wunderbare Zeitung, die sie jeden Tag machen – und dafür, dass sie sie vier Monate lang ohne mich gemacht haben. Ich danke Markus Hendel für seine technische Unterstützung. Insbesondere danke ich David Fischer-Kerli, der mir rund um die Uhr mit Rat und Tat zur Seite gestanden ist. Und ganz besonders und am meisten danke ich Gisela.

Bas Kast
Die Liebe
und wie sich Leidenschaft erklärt
Band 16198

Die Liebesformel!
· Warum verlieben Sie sich?
· Was macht uns attraktiv?
· Wie verführt man?
· Was ist das Geheimnis glücklicher Paare?

Alles, was die Wissenschaft über die Liebe weiß: Bas Kast
hat die neuesten Erkenntnisse über das schönste Gefühl der
Welt zusammengefügt. Er erklärt uns die Logik der Liebe
und bringt uns so dem großen Glück ein Stück näher.

»Wissenschaft und Liebe, ein Gegensatz an sich? Nicht
unbedingt. Dieses Buch zeigt, dass es auch anders geht.
Einfühlsam erklärt der Autor alles, was die Forschung
über das Schönste aller Gefühle weiß: vom Flirt über die
Leidenschaft bis zur langjährigen Beziehung.«
Die Welt

Fischer Taschenbuch Verlag

fi 16198 / 1

Sarah Kuttner
Das oblatendünne Eis des
halben Zweidrittelwissens
Kolumnen

Band 17108

Alles, was wir schon immer von Sarah Kuttner wissen wollten: Ist Angela Merkel und die CDU ein guter Bandname?
Wie liest man eigentlich den Jahreswirtschaftsbericht? Was
hat es bloß mit dem Trend zur Umhängeuhr auf sich, und
wird vom Bionade trinken alles schöner? Sarah Kuttner
kommentiert aktuelle Ereignisse, die die Welt bewegen.
Jetzt in extrem neuer Rechtschreibung mit besonders
komplizierten Wörtern!

» Sarah Kuttner ist der Beweis:
Es gibt auch Frauen, die es können.«
Harald Schmidt

»Dieses grundlegende Werk gibt den wichtigen
Anstoß und den erneuten Anlass einer öffentlichen
Auseinandersetzung um Werte, Traditionen und
Neuorientierungen hinsichtlich der Grundlagen
unserer Kultur. Wicked!«
H. P. Baxxter

Fischer Taschenbuch Verlag